山东日照海岸带地质

王松涛 印 萍 吴 振 著

U0195212

海洋出版社

2014 年·北京

图书在版编目(CIP)数据

山东日照海岸带地质／王松涛，印萍，吴振著．—北京：海洋出版社，2014.7
ISBN 978 - 7 - 5027 - 8934 - 3

Ⅰ.①山…　Ⅱ.①王…②印…③吴…　Ⅲ.①海岸带－地质环境－日照市
Ⅳ.①P737.172

中国版本图书馆 CIP 数据核字(2014)第 171698 号

责任编辑：杨传霞
责任印制：赵麟苏

海洋出版社　出版发行

http://www.oceanpress.com.cn
北京市海淀区大慧寺路 8 号　邮编：100081
北京画中画印刷有限公司印刷　新华书店北京发行所经销
2014 年 7 月第 1 版　2014 年 7 月第 1 次印刷
开本：787mm×1092mm　1/16　印张：11.75
字数：302 千字　定价：78.00 元
发行部：62132549　邮购部：68038093　总编室：62114335
海洋版图书印、装错误可随时退换

前 言

海岸带是人类开发强度最大的地区之一,目前全世界约有1/2的人口集中在距海岸线50 km的海岸带范围内。海岸带环境的变化影响制约着人类社会经济的发展,同时人类活动对海岸带环境的变化起着加速作用,在一定程度上破坏海岸带环境的自然平衡,引发海岸带灾害。同时,随着对海岸带规律认识的加深,人类又可以自觉地保护和改善海岸带环境,实现社会经济活动和海岸带环境的可持续发展。

海岸带由于地域上的重要性及其所具有的独特的海陆相互作用的环境特点,使其成为目前全球研究程度最高的一个地理区带。但同样由于其环境的复杂性和脆弱性,使得人类认识海岸带演化规律和更好地开发利用海岸带资源都面临着许多严峻的课题。

中国的大陆海岸线长达18 000 km,加上6 500多个岛屿的海岸线14 000 km,海岸线的长度共计32 000 km。绵长的海岸线不仅关系着陆地主权,还关系着依据海岸线位置和走向划分的海洋权益。山东省海岸线全长3 345 km,海域面积159 500 km^2,其中面积在500 m^{2}以上的海岛320个,滩涂面积大于3 200 km^2。沿海有滨州、东营、潍坊、烟台、威海、青岛和日照七市,岸线曲折,海洋自然资源丰度指数居全国之首。

日照市海岸线北起两城河口,南至绣针河口,岸线总长168 km。随着日照沿海经济的快速发展和海岸带开发利用活动的加剧,人与自然在海岸带系统的相互作用而引发的海岸带地质环境问题越来越严重。日照市海岸带区域以往地质调查工作较零散,特别是海域调查比例尺较小,海陆缺乏统一的工作部署,使数据无法同化对比,现有的水工环地质资料无法为科学发展和生态文明建设的战略目标提供有效的基础资料和科学数据。

本书是在充分收集研究区以往海岸带地质研究成果,并进行了大量野外调查和测试分析工作的基础上完成的。本书由王松涛、印萍、吴振共同撰写完成,全书内容共分为13章,王松涛负责全书定稿工作。山东省第四地质矿产勘查院的衣伟虹、宋委、位才波、高美霞、赵金明、祝子惠、郭志谦,参加了陆域调查研究、图件编制和第 4、5、10、11 章的编写,青岛海洋地质研究所的刘金庆、陈斌、冯京、郭建卫、李梅娜、曹珂、陈小英等参加了海域调查研究、图件编制及第 8、9 章的编写工作。

　　本书在编写过程中得到国家海洋局第一海洋研究所、日照市国土资源局、日照市海洋局、山东建筑大学、山东省第八地质矿产勘查院等单位的大力支持,梁邦启、莫杰等对本书的编写提出了宝贵意见,在此一并致谢。

　　由于时间和作者水平有限,书中难免有不足之处,敬请广大读者不吝指正。

作　者

2014 年 3 月 7 日

目 次

1 引 言

1.1 海岸带地质调查的重要性和紧迫性

海岸带地区处于陆地和海洋的接合部,是水圈、岩石圈、生物圈和大气圈的交汇地带。这里既是海陆相互作用最为活跃的地带,又是社会经济活动最发达、人类活动对环境影响最严重的地区。因此,也是自然生态环境相对脆弱的地区。海岸带地区是世界各海洋国家经济社会发展的增长极,我国海岸带地区也是我国经济社会发展的动力源。

新中国成立以来,我国持续开展了大量的基础地质、矿产地质、水文地质、工程地质和环境地质调查工作,陆域基本实现了中比例尺调查程度的全覆盖。但在海岸带地区,尤其是海域,缺乏系统、详细的调查研究,缺乏可靠的与区域发展和开发活动相适应的系统性资料和数据,社会化服务程度低,难以满足海岸带开发整体规划的需求。海岸带综合地质调查是一项基础性、区域性和公益性的海洋国土资源调查工作,对查明我国海岸带资源环境和国民经济的发展具有重要意义。

在经济社会发展与环境保护中,地质工作先导性作用的发挥,就是要先期掌握并向政府机关及社会各界及时提供当地陆、海域的基础地质资料。长期以来,海岸带地质调查研究工作由于受技术手段、经费和管理部门分割等多方面的制约,总体上调查工作程度低,调查工作时间跨度长,比例尺不统一,缺乏统一的技术标准,特别是长期海陆分割开展工作,海岸带地区尚存在大范围的调查工作空白区,无法及时提供与沿海经济社会快速发展相适应的地质资料和数据。开展大比例尺海岸带综合地质调查的需求是十分迫切的。

沿海地区的开发建设,也伴随着日趋严重的地质环境问题,如环境污染、生态环境恶化、土地质量下降、滨海湿地退化、海岸侵蚀、港口淤积、地面沉降、海(咸)水入侵、风暴潮危害上升等。国务院最新发布的《规划环境影响评价条例》要求"加强对规划的环境影响评价工作,提高规划的科学性,从源头预防环境污染和生态破坏,促进经济、社会和环境的全面协调可持续发展"。加强海岸带环境地质调查工作,科学评价蓝色经济区的环境质量和环境容量,开展规划环境影响评价,开展环境治理和修复工作,对加强区域环境保护,促进经济社会和环境协调发展具有重要的意义。

日本"3·11"大地震及引发的海啸、"莫拉克"台风和连续发生的浒苔灾害,对海岸带地区社会经济和生命财产造成的严重破坏和影响,为海岸带地区的减灾防灾工作敲响了警钟,环境污染、海(咸)水入侵、海岸带侵蚀更是大范围、长期地影响人类的生活和社会经济开发活动。这些灾害多与区域的地质环境和资源开发活动密切相关。开展区域地质环境和地质灾害调查评价,分析研究致灾因素形成机制和分布规律,实施地质灾害监测,开展灾害风险评估,提供灾害预警预报服务,制定减灾防灾规划,建立灾害预警和应急机制,是保障蓝色经济区建设的基础。

1.2 海岸带综合地质调查

利用地球科学及相关科学的理论和方法,从时空统一的角度综合调查和研究海岸带的地质构造、地质事件、地质作用、矿产资源、生态环境与地质灾害,是寻求人类活动与自然界和谐统一,服务于海岸带综合开发和治理的一项系统工程。

1.2.1 调查目的

根据国家规定或主管部门的要求,按统一的技术标准,开展海岸带综合地质调查工作,为我国的海岸带综合治理、减灾防灾和海岸带经济的可持续发展提供专业化的调查和评价数据、资料。

1.2.2 调查任务

(1)查明或基本查明海岸带地貌、地质、构造、水文地质、工程地质和环境地质特征及有关资源状况;

(2)查明海岸带海域的底质特征、浅地层结构、地球化学及地质灾害特征;

(3)给国家和地方提交规定的调查成果,为国土资源开发利用、规划管理、环境保护及减灾防灾服务。

1.2.3 调查内容

(1)海洋地质调查;

(2)基础地质调查;

(3)矿产资源调查;

(4)水文地质调查;

(5)工程地质调查;

(6)环境地质调查;

(7)灾害地质调查。

1.2.4 调查范围

(1)陆域调查范围一般由海岸线向陆方向延伸 10 km。根据实际情况需要,还可向陆适当延伸;

(2)海域调查范围一般向海至水深 20 m 等深线处,深水陡岸还应向外海延伸。根据实际需要,某些岸段可向海域适当扩展;

(3)滨海湿地包括陆上风暴潮可波及地及其自然延伸向海至低潮时 6 m 等深线处,以有特征湿地植被分布地区为重点研究区域;

(4)河口三角洲地区海岸带调查范围向陆方向至潮流段上界,向海方向至冲淡水的前缘。

2 自然地理环境及社会经济概况

2.1 自然地理环境

2.1.1 交通位置

日照市海岸带北起东港区两城河口,与青岛市黄岛区(原胶南市)接壤,南至岚山区绣针河口,与江苏省赣榆县相连。调查区范围为:35°00′00″—35°37′00″N,119°15′00″—119°49′00″E,调查区总面积2 276 km²,陆域面积为720 km²,海域面积1 556 km²(图2-1)。

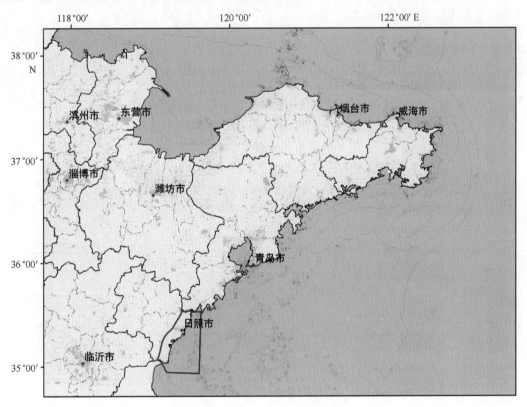

图2-1 研究区位置及交通

日照为新亚欧大陆桥东方桥头堡,作为鲁南地区的直接出海口,处在国家重点开发建设的沿海主轴线和日(照)西(安)线产业聚集带的交汇处,是连接亚太经济和欧洲经济的纽带。研究区内水陆交通便利,沿海公路、204 国道、同三高速公路南北纵贯全区,坪岚铁路、兖石铁路及日东高速东西横贯本区。区内有日照港、岚山港两大对外开放港口,其中日照港已开通日照至韩国的航线。区内的兖石、坪岚、胶新三大铁路东与日照港、岚山港相接,西与陇海、兰新线相汇,交通极为便利。

2.1.2　气候条件

日照市属暖温带半湿润大陆性季风气候区,气候温暖,无酷暑严寒,四季分明,冷热季和干湿季的区别明显。多年平均气温 12.7℃,东部沿海在 13.0℃左右,北部山区和西部内陆地区在 12.1 ~ 12.9℃之间。史上最高气温为 43.0℃,最低气温为 - 18.9℃。多年平均降水量为 868.8 mm。降水多集中在 7 月、8 月、9 月 3 个月份,降水量占全年的 50% ~ 70%。多年平均蒸发量为 1 146.2 mm,以 5 月、6 月蒸发量最大,占全年蒸发量的 51%。全区年平均干燥度为 0.91,年平均湿度72% 左右。年平均日照时数为 2 532.9 h,无霜期 215 d,地面最大冰冻深度为 32 cm。太阳总辐射量为 118.6 ~ 123.4 Kcal/cm^2。年平均风速全市平均 2.9 m/s,以沿海地区年平均风速最大,为 3.3 m/s。夏半年(4—8 月)盛行南到东南风,冬半年(9月至翌年3月)盛行北到东北风。

2.1.3　河流水系

日照市海岸带地区地表水体发育,河流为内陆河入海段,流向多为北西至南东向。陆地上发育 10 多条大小河流,河流的发育与分布严格受地形、地貌及构造的控制,以中部东北—西南向地表分水岭为界,以南为黄海水系,有傅疃河、绣针河、两城河、龙王河等,均属山溪型河流。降水后水位暴涨暴落,洪水时夹带泥沙较多,河床多为砂砾质,冲积作用明显(表 2 - 1)。其中傅疃河为本区内最大的河流,是日照市城乡生活及工农业用水的主要水源地,入海口以上流域面积约为 1 060 km^2,发源于五莲县境内的大马鞍山,主流长 51.5 km,主要支流有崮河、大曲、南湖河、三庄河等。

表 2 - 1　日照海岸带主要河流特征

河流名称	主要发源地	流域面积 (km^2)	一般年基流量 (10^4 m^3)	研究区内长度 (km)	入海口位置
绣针河	莒南县三皇山	370	245.72	6.5	岚山荻水村东
龙王河	本区境内大旺山	64	132.45	8.0	虎山镇东湖村南
傅疃河	五莲县大马鞍山	1 060	2 339.65	12.0	奎山镇夹仓东南
两城河	五莲县户部水库	517	293.46	6.0	两城镇安家村东

2.1.4　海洋水文

2.1.4.1　波浪

根据国家海洋局北海分局编制的《日照港海域水文气象资料汇编》(1997 年 9 月)及近

期观测资料,研究区常浪向为 E 向,频率为 18%;次常浪向为 ESE、SE 方向,频率为 12%。受季风影响,每年 3—8 月,以 SE 向风浪为主,9 月至翌年 2 月以 NE 向风浪为主。波高以 0~0.5 m 为主,占 75%,波高 0.5~3.0 m 占 7%,波高大于 3.0 m 的仅占 3%。强浪向为 SE,$H_{1/10}$ 波高的最大值为 5.7 m,$H_{1/100}$ 波高的最大值为 7.1 m;次强浪向为 SSE,$H_{1/10}$ 波高的最大值和 $H_{1/100}$ 波高的最大值分别为 4.6 m 和 5.5 m。

2.1.4.2　潮汐

研究海区的潮汐特征属正规半日潮。以日照港理论最低潮面起算,最高潮位 5.65 m,最低潮位 -0.47 m,平均潮位 1.54 m;平均高潮位 4.23 m,平均低潮位 1.21 m,平均潮差 3.02 m。

根据日照港及其邻近海区的潮流观测资料,潮流按顺时针方向旋转,涨潮流速大于落潮流速。涨潮流主方向为西南向,落潮流主方向为东北向。涨落潮流最大流速方向均和海岸方向平行。大潮期间的表层最大涨潮流速为 81 cm/s,最小流速为 7 cm/s,落潮最大流速为 70 cm/s,最小流速为 6 cm/s,涨落潮最大流速一般发生在高潮前 2~3 h 和高潮后 4~5 h。

2.1.4.3　风暴增、减水

风暴潮是指在强烈的大气扰动下,如热带气旋、温带气旋或寒潮过程等引起的海平面异常升高或下降现象。当风暴潮增水恰好与天文潮叠加时,会造成海水水位暴涨。日照市濒临黄海,易受渤海、黄海上空温带气旋频繁活动的影响。在夏秋季受东南沿海的热带气旋影响,发生风暴增水;冬季受偏北寒潮大风影响往往造成风暴减水。风暴增、减水幅度的大小,主要取决于有关海域的风场,气压场的时空分布和地形开阔度,海岸垂向与风向、浪向的偏离程度(郑运霞,2008)。

根据日照海洋站 1970—2004 年的观测资料。研究区热带气旋增水 35 年内出现 54 次,其中 53 次出现在 7—9 月,年均出现 1.5 次;温带气旋增水全年各月均可出现,横向冷锋增水主要出现在秋末和翌年初,两者 35 年内出现增水 364 次,平均年增水 10.4 次,占全年出现次数的 87%。35 年中风暴减水共出现 497 次。累年各月减水主要出现在 11 月至翌年 3 月,减水出现频率为 81.89%,而 4—10 月的减水频率为 18.1%;12 月出现减水次数最多,出现频率为 20.72%,6 月出现次数最少,出现频率为 0.4%。

总体上看,研究区海域增水过程主要由热带气旋、温带气旋和横向冷锋天气过程引起。累年月增水频率最大月份是 11 月,月频率 15.07%;最小频率月份为 4 月,月频率为 2.39%。增水值最大的月份是 9 月,累年最大增水值 1.22 m,其次是 1 月,最大增水值为 1.15 m;累年增水值最小的月份是 6 月,增水值 0.71 m。

减水过程主要是由冷锋过境的天气过程引起的。累年月减水频率最高的是 12 月,月频率 20.72%,其次是 11 月,频率为 17.91%。历史最大减水值出现在 1995 年 11 月,减水值为 -1.26 m,其次是 1980 年 10 月,减水值 -1.23 m。

2.1.5　海岸地形地貌

2.1.5.1　陆域地形地貌

日照市海岸带为低山丘陵—滨海平原地貌,地形北、西部高,南、东部低,微向海倾斜,大部分山脉呈北东—南西向分布,自东向西基本呈冲海积平原—低山丘陵分布,区内地貌特征分区明显,主要地貌类型为中度切割的低山、微切割—强剥蚀丘陵区和海积海蚀平原区(图2-2)。

1)中度切割的低山

主要分布在研究区西北部,主要为中度切割或中度剥蚀低山,顶呈浑圆状或钝棱状。山坡中、下部风化壳较为发育,多种植有林木。部分区域崩塌、滑坡、泥石流地质灾害发育。

2)微切割—强剥蚀丘陵区

在区内广泛分布,丘陵区主要位于低山四周,主要为微切割—强剥蚀丘陵,风化壳较发育,沟谷宽浅,地面起伏不大。

3)滨海平原区

主要分布在沿海地带,地形平坦,微向海倾斜,坡降小于1‰。

2.1.5.2 海岸地貌

日照海岸为基岩岬角间隔的砂质海岸,是我国最长的沙坝潟湖岸段之一。研究区南部的岚山和中部的奎山两段剥蚀丘陵直接濒海,形成临海陡崖,南部和北部波状起伏的剥蚀平原和现代海岸线之间为宽广的沙坝潟湖沉积体系。日照市内有两城河、傅疃河与绣针河入海,在河流的两侧有规模较小的带状冲积平原,河口地区形成小规模的河口三角洲(图2-2)。

1)侵蚀基岩海岸

分布在奎山嘴—臧家荒、刘家海屋—岚山头两个岸段(图2-3)。陆上剥蚀丘陵濒临海岸,形成突出的岬角海蚀崖和水下岩滩。海蚀崖高度5~8 m,崖前为海蚀平台,表层有薄的砾石和粗砂沉积。凸出的基岩岬角间为凹入较小的弧形海湾。目前,这两个岸段基本上都受到了较为强烈的人工改造,被大规模围填为码头和养殖区,已基本上成为人工岸线。

2)河口三角洲

分布在傅疃河、绣针河和两城河河口地区。由于河流来沙量的不同,河口三角洲的形态有明显的不同。其中,绣针河和两城河的河流携带至河口地区的泥沙较少,河口地区形成岸线轮廓平缓向陆微凹的小型三角洲冲积平原,仍处于三角洲充填阶段。

(1)傅疃河三角洲

北起臧家荒南至鱼骨庙附近,全长约10 km,形成傅疃河三角洲突滩,南北两侧在地貌发育上是不对称的,总体向南偏(图2-4),三角洲南瓣突滩面积大于北瓣,并发育多道沙垄。北瓣岸滩碎石粗砂成分较多,南瓣只有少量砾石,多为粗、中砂。

三角洲北瓣海岸沙坝以沙嘴形式向西南方向延伸。1920—1970年,沙嘴自由端向前延伸1 km,平均每年约20 m。1973—1977年的观测表明河口沙嘴横向衍进每年平均为10 m左右。沿岸向西南随着远离河口,沙坝和潮间沙垄间隔也逐渐收敛,岸滩向海衍进速度渐缓,至鱼骨庙附近,沙坝沙垄收拢,海岸转为稳定,河口潟湖主汊道位于此。20世纪80年代以来由于河流泥沙供应的减少,河口沙嘴的进积速率减缓,但河口仍保持突出的三角洲形态。

(2)绣针河河口

绣针河河口尚处于三角洲充填阶段,没有发育典型的外突三角洲。河口地区物质主要来源是绣针河携带的河流泥沙,北部部分泥沙在沿岸流作用下绕过岚山头岬角,可以影响到

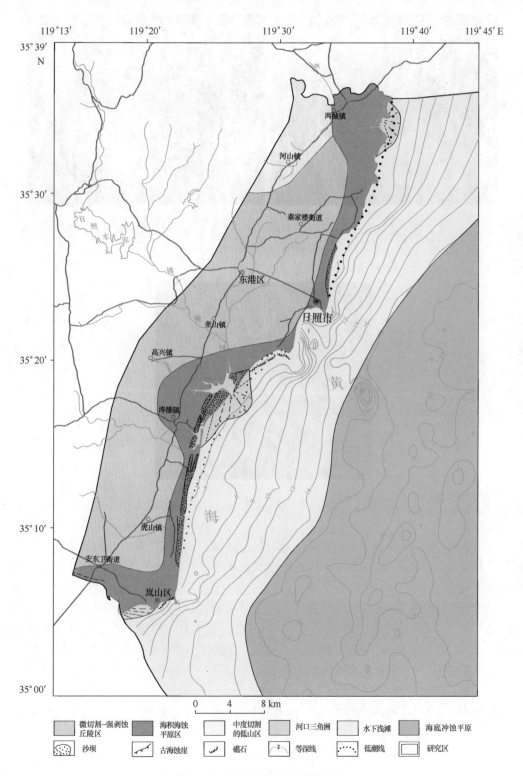

图 2-2　日照市海岸带地貌类型

图 2-3　奎山嘴—臧家荒(左)和刘家海屋—岚山头(右)基岩岸遥感影像
(选自 http://ditu.google.cn,2013 年)

图 2-4　傅疃河三角洲遥感影像(选自 http://ditu.google.cn,2013 年)

本区。20 世纪 60 年代以前,河口北部有一条 3.3 km 的长条状沙嘴向西南延伸,80 年代后随着岚山港码头突堤的建设,北部来沙被阻断。近年来受泥沙来源减少和河口采砂的影响,河口的沙嘴消失。

受海州湾的掩蔽作用,绣针河口的沉积动力环境弱,河口的南部为堆积性海岸,20 世纪 60—80 年代,河口淤积作用较强,岸线平均淤积速率每年 20~30 m。近年来河口地区修筑养虾池和直立式防护海堤,河口自然淤积放缓,岸线位置变化不大(图 2-5)。河口仍发育以淤泥质粉砂为主的潮滩,最大宽度约 1.5 km。

3)沙坝—潟湖海岸

日照海岸发育了典型的沙坝—潟湖体系,日照港北部发育万平口潟湖,傅疃河和涛雒河以南为复式沙坝—潟湖和风成沙丘型沙坝潟湖(图 2-6)。

鱼骨庙至韩家营子,为复式(多列)沙坝潟湖海岸,岸滩物质少部分来自于傅疃河,主要来自涛雒河。由于涛雒湾水域广阔,波浪横向作用强烈,无法形成明显的河口突滩,但在河口南侧形成了比较宽大的沙坝系统。南侧近河口地区有 4 条较明显的新老沙坝,向南逐渐

图 2 - 5 绣针河河口遥感影像(选自 http://ditu. google. cn,2013 年)

图 2 - 6 万平口(左)和韩家营子(右)沙坝—潟湖海岸遥感影像(http://ditu. google. cn,2013 年)

收敛汇合,沙坝潟湖带宽达 2.8 km,沙坝潟湖相沉积层厚可达 4.6 m,覆于冲积层之上。

韩家营子至刘家海屋岸段为风成沙丘型沙坝潟湖海岸,两列海岸沙坝合拢叠置,沙坝高度加大,在 7 ~ 8 m 的高程上出现风成沙丘,沙坝沙丘带平均宽达 600 m 以上。本段海岸潮间浅滩向南缩窄,韩家营子外浅滩宽 500 m,至大村外滩 200 m,向南至刘家海屋外浅滩宽度不足 50 m。

目前日照南部的沙坝潟湖已被强烈改造,新沙坝外侧普遍修筑了人工堤坝、防波堤,老沙坝上为村庄和防护林,沙坝间的潟湖地区则大部分被改造为养虾池等。

万平口潟湖则为保存比较好的全新世沙坝—潟湖海岸,南北长近5 km,沙嘴式沙坝近北北东向,自北向南延伸。由于潟湖良好的避风条件,万平口潟湖作为商港和渔港有近千年的历史。自20世纪60年代开始,在潟湖内大范围进行围垦造田,潟湖的水面明显减少,纳潮量下降,潟湖和潮汐通道发生淤积,最严重的时候渔船几乎无法通行。90年代末,日照市政府为打造水上运动中心,对潟湖内的围垦区重新进行了开挖,潟湖的水面面积扩大,在最南侧靠近日照港区处开挖了人工汊道作为船舶通行之用,目前潟湖区已成为世界帆船赛基地。

2.1.5.3　海底地貌特征

1)水下浅滩

一般分布在水深15 m以内的近岸浅水区,水下地形自岸边向海缓缓倾斜,坡降1/500～1/1 000。表层沉积物以黏土质粉砂和砂—粉砂—黏土为主,仅在近岸5 m水深内由中、细砂分布。

2)河口水下三角洲

主要分布在傅疃河口,三角洲呈扇形,在5 m等深线处,水下地形逐渐平缓。三角洲两侧为细砂,中部为粗砂,向外过渡为黏土质粉砂。

3)海底冲蚀平原

水深15 m以外为坡度平缓的海底平原带,在表层砂质沉积中,含有大量铁质和钙质结核,属于更新世残留沉积层,全新世海侵时被海水淹没,并持续受到较强的海流作用,成为海底冲蚀平原。

2.2　社会经济概况

日照市是鲁东南黄海之滨的一颗明珠,地理位置优越,腹地广阔,各种资源丰富,蕴藏着巨大的经济发展潜力。日照市海岸带又是日照市经济、文化发展中心,是日照市政府、东港区政府及部分乡镇所在地,人口60万人。目前,日照市海岸带已成为集临海工业、港口贸易、商贸、金融、交通运输、旅游度假等多功能,外向型、综合性、现代化的海岸带。

日照市农业种植以粮食作物为主,油料、茶叶、蔬菜、果树、桑蚕等经济作物为辅;工业以电力、经贸、信息、轻纺、机械、化工、建材、盐业为主;渔业生产发展平稳,包括捕捞和海、淡水养殖。主要矿产资源有:建筑用河砂,主要分布在各河流中;石材加工用花岗岩矿,主要分布在东港区、五莲县;水泥用石灰岩矿,主要分布在莒县;多年来一直开采的七宝山金矿位于五莲县境内。2011年末全市户籍总人口289.03万人,地区生产总值(GDP)1 214.07亿元。

3 基础地质

3.1 区域地质概况

3.1.1 地层

日照地区地层差异较大。昌邑—大店断裂以西出露有新太古界泰山岩群,新元古界土门群和早古生界寒武—奥陶系,中生界白垩系及新生界第四系,东部地层为古元古界荆山群,中生界侏罗系、白垩系,新生界第四系(宋明春、王沛成等,2003)。

3.1.1.1 新太古界泰山岩群

分布于安丘—莒县断裂以西。在沂沭断裂带内汞丹山凸起上,主要呈北北东向条带状展布于峨山—汞丹山一线,及沂水县上儒林、善疃一带;在莒县大宝、大庄坡一带则呈近北东向条带状分布。泰山岩群普遍经过了角闪岩相变质作用,且经历了多期褶皱变形,包括雁翎关组、山草峪组和柳杭组。

3.1.1.2 新元古界土门群

为一套细碎屑岩和碳酸盐岩浅海相沉积组合,区域上分布于安丘—莒县断裂以西(鲁西地层分区)。

3.1.1.3 早古生界寒武—奥陶系

日照市内出露的早古生界地层包括寒武系长清群、寒武—奥陶系九龙群及奥陶系马家沟组,分布于鲁西地层分区潍坊—临沂地层小区。早古生界地层主要为一套海相碳酸盐岩、页岩及少量砂岩,含有丰富的三叶虫和角石类化石,地层厚度达 1 800 m 左右。早古生界地层最低层位为寒武系长清群李官组,与下伏土门群呈平行不整合接触;最高层位为奥陶系马家沟组,与其上的石炭系月门沟群本溪组呈平行不整合接触或与中生界白垩系青山群呈角度不整合或断层接触。

3.1.1.4 中生界白垩系

主要分布在胶莱盆地和沂沭断裂带内,胶南隆起区和汞丹山凸起区等其他地区有零星分布,主要为一套陆相碎屑沉积—火山碎屑沉积—火山岩建造。自下而上依次划分为莱阳群、青山群、大盛群和王氏群。

3.1.1.5 新生界第四系

分布广泛,遍及各大水系流域两侧、山间盆地、山坡冲沟及冲积平原和滨海地段,多系现代松散物堆积。按第四纪堆积物的空间分布规律,所组成的地貌形态类型、结构构造、沉积物组分及形成环境等特点,将堆积物划分为冲积、残坡积、冲洪积、洪积、洪坡积、风积、沼积及海积等主要类型。岩石地层可分为大埠组、大站组、黑土湖组、山前组、临沂组、沂河组、淮北组、旭口组和寒亭组。

3.1.2　构造

日照市位于沂沭断裂带的中东部,北东向构造组成了本区的构造格局,不但分布广、规模大,而且有明显的控制地质环境的作用。沂沭断裂带中的安丘—莒县、昌邑—大店断裂,在莒县城区及东部通过,主干断裂走向皆为北东、北北东,性质以压扭性为主。另发育了多条北西向压扭性断裂,并将北东向断裂错开。岩石中韧性剪切变形作用明显,除形成小型紧密褶皱构造、帚状构造、S型构造等外,在白垩系火山岩中还形成了大量的面状、线状构造。同时,沂沭断裂带把山东地体分为鲁东和鲁西两个差别极大的地质构造单元,其大致决定了山东地体的主要构造格局。

3.1.3　岩浆岩

日照市内岩浆活动较频繁,尤其以中生代燕山晚期岩浆活动最为强烈。因而区内有较大面积的侵入岩及火山岩分布,其次为新元古代侵入岩。侵入岩从超基性—酸性,从深成—浅成、超浅成,从原地混合交代成因至高位侵入岩浆成因,各种类型齐全。火山岩主要为早、晚白垩世的中性、中酸性火山碎屑岩和熔岩。另有规模不等、类型较多的脉岩产出。

3.2　研究区地质概况

研究区海岸带位于郯—庐断裂以东,胶南隆起中段,胶莱坳陷的西南端。横跨两个Ⅲ级大地构造单元。区内岩石主要由侵入岩、变质岩组成,地层缺失较多(图3-1)。

3.2.1　地层

研究区内出露的地层较少,主要为新生界第四系,仅局部地区见少量古元古界荆山岩群。海底底质类型以砾砂、砂、粉砂质砂、粉砂质黏土、中砂和砂—粉砂—黏土等为主。

3.2.1.1　古元古界荆山群

研究区内古元古界荆山群(Ptj)主要出露野头组(Pt₁jY),位于日照港西港区附近,由透辉角闪变粒岩、黑云角闪变粒岩、黑云斜长变粒岩夹斜长角闪岩、透辉石岩、透辉大理岩组成,厚度约233.6 m,面积约3 km²。

3.2.1.2　新生界第四系

第四系(Q)分布广泛,主要分布在各河流及其支流两岸和沿海一带。主要有沂河组、临沂组、潍北组、旭口组、黑土湖组、山前组。

1)沂河组(QY)

为现代河床冲积物,分布广泛,常与临沂组呈过渡关系,主要岩性为砂砾层、砾砂层、中

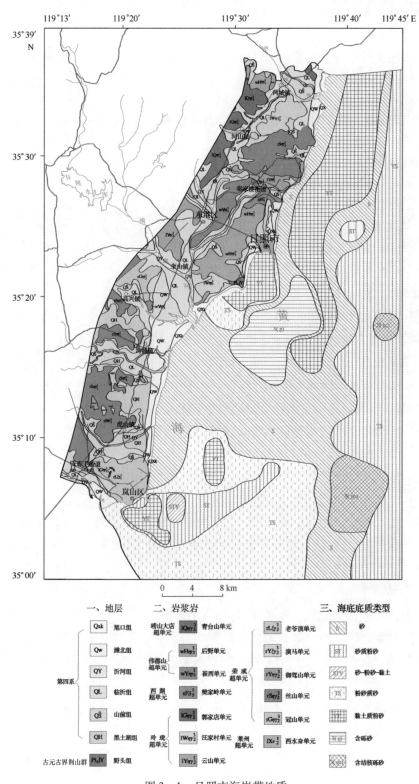

图3-1　日照市海岸带地质

细砂、含砾混粒砂,厚度小于 4 m。

2)临沂组(QL)

沿河流阶地和残丘山前分布,主要岩性为黄色含砂砾亚黏土、黏土质粉砂、夹透镜状砂砾层,具水平层理和小型交错层理,厚度1.6~4.0 m。

3)潍北组(QW)

分布于沿海河流入海口和海湾地带,为全新冲积、海积的混合物。岩性为灰色、浅灰色粉砂和黏土质粉砂以及现代沼泽相淤泥。

4)旭口组(QxK)

分布于沿海一带,构成现代海岸沙嘴、沙坝、沙滩。岩性多为灰黄色、灰白色含砾混粒砂、中细砂及淤泥。

5)黑土湖组(QH)

分布在研究区南部富旺庄—虎山、相家结庄—东湖一带的开阔洼地和河流阶地后缘,属沼泽化黑色黏土质砂层。主要岩性为烟灰、灰褐色粉砂质黏土、黏土质粉砂,厚度小于 2 m。

6)山前组($Q\hat{S}$)

分布于丘陵凹地、山脚剥蚀平原、残丘丘坡地段。主要岩性为褐红、褐黄色黏土砂、含砾砂质黏土、粉砂质黏土、土黄色黏土质砾砂层、砂砾层。厚度不一,最大厚度可达 10 m 以上。

3.2.1.3　海底底质

近岸海域为晚更新世以来形成的冲积—海积平原的自然延伸,被全新世的海相沉积层不同程度覆盖,区内海底底质类型以含砾砂、砂、粉砂质砂、粉砂质黏土、中砂和砂—粉砂—黏土等为主(详见第 8 章)。根据区域钻孔资料,全新世的海相地层厚度为 3~15 m,并随水深的加大逐渐减薄(详见第 9 章)。

3.2.2　构造

研究区位于郯(城)—庐(江)断裂以东,胶南隆起中段,胶莱坳陷的西南端。区内构造以北东向的脆性断裂为主,以日照断裂和近岸断裂为代表;另外发育一条北西向断裂,为梭罗树断裂(图 3-2)。

3.2.2.1　日照断裂

该断裂为日照—青岛断裂的南段,分布于区内两城—河山—奎山一带,基本上沿 204 国道的左侧方向展布,被第四系覆盖,高兴—巨峰出露较好,沿断裂展布方向为一线性洼带。断裂带内岩石强烈破碎,构造角砾岩、碎斑岩、碎粉岩及断层泥发育,含水性较好。

3.2.2.2　近岸断裂

该断裂为区域泗阳—海州断裂的北延区段,是胶南造山带的内部分划性断裂。断裂北西侧以发育胶南表壳岩组合变质岩系为标志,为胶南造山带北带;南东侧以发育云台岩群浅变质岩系为标志,为胶南造山带南带,区内该断裂被黄海海域的水体覆盖,但从区域重力图上可以判译其存在及展布的状况。在1:100 万的区域重力图上,沿赣榆至九公岛一线有北东 40°方向的重力异常带,近岸断裂处于西北侧重力低与东南侧重力高的交接部位,局部为

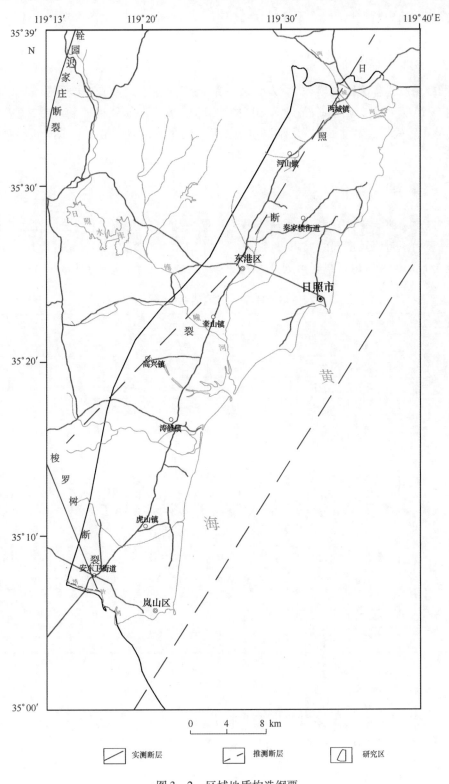

图 3-2 区域地质构造纲要

北西向或近东西向断裂切割,总体展布方向较稳定。该断裂在莫霍面等深图上也有明显反映,大约有 0.5~1 km 的幔坡带。

3.2.2.3 梭罗树断裂

该断裂是胶南隆起区规模较大、发育较好的北西向断裂,分布在梭罗树、安东卫一线。总体走向 320°~340°,倾向南西,倾角 80° 左右,长 9 km。在梭罗树西北一带,表现为宽约 70 m 的挤压破碎带。其北西端为第四系覆盖,南东端在前稍坡一带为北东向断裂右行错移 1 km。

3.2.3 岩浆岩

研究区内岩浆岩十分发育,几乎所有基岩裸露区均为岩浆岩。主要分布在研究区北段的奎山—丝山一带以及南部的虎山一带。侵入时代主要为中元古代、新元古代和中生代(王光栋等,2009),研究区内岩浆岩可划分为 13 个单元,分属 6 个超单元(表 3-1)。

表 3-1　研究区岩浆岩谱系单位划分

年代单元		岩石谱系单位			
代	期	超单元	单元	岩石名称	代号
中生代	燕山晚期	崂山	青台山	中粒二长花岗岩	$lQ\eta\gamma_5^3$
		伟德山	后野	巨斑状中粒含角闪二长花岗岩	$wH\eta\gamma_5^3$
			崖西	粗斑状中粒含角闪二长花岗岩	$wY\eta\gamma_5^3$
	印支期	西湖	樊家岭	似片麻状细粒含辉黑云角闪长岩	$xF\delta_5^1$
新元古代	晋宁期	玲珑	郭家店	弱条纹状粗中粒二长花岗岩	$lG\eta\gamma_2^3$
			汪家村	弱片麻状中细粒二长花岗岩	$lW\eta\gamma_2^3$
			云山	片麻状中细粒含黑云二长花岗岩	$lY\eta\gamma_2^3$
		荣成	老爷顶	片麻状中细粒含霓石碱长花岗岩	$rL\xi\gamma_2^3$
			演马	条纹状中粗粒正长花岗岩	$rY\xi\gamma_2^3$
			御驾山	中细粒片麻状二长花岗岩	$rY\eta\gamma_2^3$
			丝山	斑(条)纹状中粗粒含角闪黑云二长花岗岩	$rS\eta\gamma_2^3$
			冠山	中粗粒含角闪黑云二长花岗岩	$rG\eta\gamma_2^3$
中元古代	吕梁期	莱州	西水夼	条纹状中粒斜长角闪岩	$lX\gamma_2^1$

3.2.3.1 莱州超单元

西水夼单元($lX\gamma_2^1$):分布在研究区西北部烟墩岭一带,呈残留包体状存在于云山单元二长花岗岩中。原岩为中细粒辉长岩,现已变质为条纹状中粒斜长角闪岩。

3.2.3.2 荣成超单元

荣成超单元岩石普遍遭受强烈变质变形作用改造,发育似层状构造,具有片麻岩外貌。

荣成超单元包括冠山单元($rG\eta\gamma_2^3$)、丝山单元($rS\eta\gamma_2^3$)、御驾山单元($rY\eta\gamma_2^3$)、演马单元($rY\xi\gamma_2^3$)、老爷顶单元($rL\xi\gamma_2^3$)等单元。

冠山单元($rG\eta\gamma_2^3$):分布在研究区西部及西南部,岩性为条纹状中粗粒含角闪黑云二长花岗岩。

丝山单元($rS\eta\gamma_2^3$):分布在研究区西部小代疃和竹园一带,岩性为斑(条)纹状中粗粒含角闪黑云二长花岗岩。

御驾山单元($rY\eta\gamma_2^3$):在研究区西侧虎山一带零星出露,岩性为中细粒片麻状二长花岗岩。

演马单元($rY\xi\gamma_2^3$):在研究区西部及西南部零星出露,岩性为条纹状中粗粒正长花岗岩。

老爷顶单元($rL\xi\gamma_2^3$):分布在研究区南部岚山区老爷顶一带,岩性为片麻状中细粒含霓石碱长花岗岩。

3.2.3.3 玲珑超单元

玲珑超单元岩石遭受过强烈变质变形改造,具片麻状构造,共分为云山单元($lY\eta\gamma_2^3$)、汪家村单元($lW\eta\gamma_2^3$)、郭家店单元($lG\eta\gamma_2^3$)等。

云山单元($lY\eta\gamma_2^3$):分布在研究区西侧孔家湖子及南侧焦家庄子一带,岩性为片麻状中细粒含黑云二长花岗岩。

汪家村单元($lW\eta\gamma_2^3$):分布在研究区南奎山前一带,岩性为弱片麻状中细粒二长花岗岩。

郭家店单元($lG\eta\gamma_2^3$):分布在研究区南部老爷顶西一带,岩性为弱条纹状粗中粒二长花岗岩。

3.2.3.4 西湖超单元

樊家岭单元($xF\delta_5^1$):分布在研究区西部黄山前和东邵疃一带,岩性为似片麻状细粒含辉黑云角闪闪长岩。

3.2.3.5 伟德山超单元

崖西单元($wY\eta\gamma_5^3$):分布在研究区内东部奎山至秦家楼一带,岩性为粗斑状中粒含角闪二长花岗岩。

后野单元($wH\eta r_5^3$):分布在研究区东部,岩性为巨斑状中粒含角闪二长花岗岩。

3.2.3.6 崂山超单元

青台山单元($lQ\eta r_5^3$):主要分布在研究区中部奎山街道办事处北郭家湖子一带,岩性为中粒二长花岗岩。

另研究区内及周围发育一些岩脉,主要岩性为正长斑岩、闪长岩、辉绿玢岩、花岗斑岩等。

4 水文地质

4.1 地下水类型

日照海岸带地下水按赋存、埋藏条件和含水层岩性主要分为松散岩类孔隙水(Ⅰ)和基岩裂隙水(Ⅱ)两种(图4-1)。

4.1.1 松散岩类孔隙水(Ⅰ)

主要分布在两城河、傅疃河、龙王河、巨峰河、绣针河中下游及海岸,含水层为冲积—冲洪积中粗粒砂层,各河流自成体系,水文地质条件差异大。

4.1.1.1 两城河下游孔隙水(Ⅰ₁)

两城河位于研究区北端,为常年性河流,自204国道至入海口约6 km,两岸地形平坦开阔,第四系冲积层发育,厚度一般为5~10 m,具二元结构。上部0.5~1.5 m为砂质黏土或粉细砂,下部为含砾中粗砂,具有良好的储水空间,有利于大气降水和地表水的渗透补给。地下水位随季节变化,但变化幅度较小,在0.5~2 m之间,一般水位埋深为1~3 m,富水性较强,单井涌水量大于1 000 m^3/d。由于地形低洼、海拔较低、离海近,大量抽取地下水很容易引起海水倒灌。因海水入侵、两城镇生活及工业污水排入该河,导致安家庄至入海口3 km内的两岸地下水污染,水厂搬迁西移。

4.1.1.2 傅疃河下游孔隙水(Ⅰ₂)

傅疃河是日照市海岸带内最大的河流,流域面积1 060 km^2。中下游为市区主要供水水源地,研究区内长度约12 km;下游平坦开阔,地形坡降小。两岸第四系中粗砂—砂砾石含水层平均厚度5.92 m,最大厚度可达17.58 m。上覆不连续透水性较好的砂质土层,下为不透水的变质岩、岩浆岩隔水底板,其间具有良好的储水空间,富水性较强。地下水主要接受大气降水及河流侧渗补给,水位随季节变化,年变幅0.5~2 m,单井涌水量达2 034~4 059 m^3/d。

4.1.1.3 龙王河、巨峰河下游孔隙水(Ⅰ₃)

分布在涛雒镇南部,流经途径较短,流域面积较小,研究区内长度约8 km。含水层厚度较小,地下水主要接受大气降水补给,海相沉积物较多,水质差,不具供水水源的条件,两岸主要为少量农业用水开采。

4.1.1.4 绣针河下游孔隙水(Ⅰ₄)

绣针河下游位于日照海岸的最南端,中下游地段是岚山城区生活及工业用水水源地,流

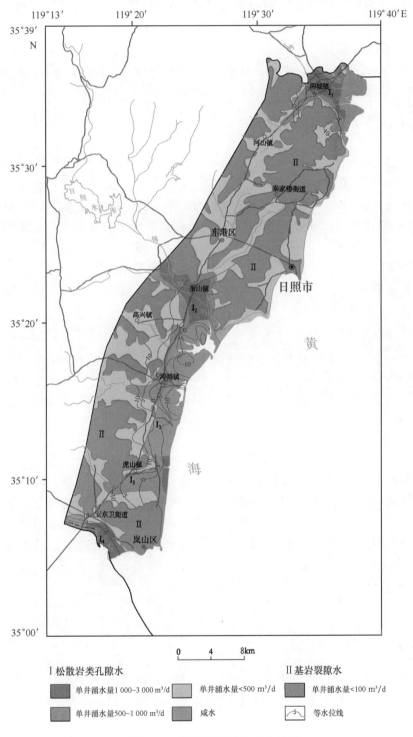

图 4-1 研究区(陆域)水文地质

域面积 370 km²。研究区内长度约 6.5 km,分布有绣针河车庄水源地,面积为 14.9 km²。岩性主要由含砾中粗砂—中细砂组成,一般厚 5.48 ~ 8.30 m。但在车庄东南获水以西附近第四系厚 15.5 ~ 19.25 m,上覆为粉砂及黏土,含水层以中粗砂、砾石为主,厚度 9.45 ~ 12.89 m,地下水位埋深 0.8 ~ 2 m,水位年变幅 0.5 ~ 1.5 m。主要接受大气降水及河流的侧渗补给,单井涌水量为 511 ~ 1 296 m³/d。

4.1.2　基岩裂隙水(Ⅱ)

研究区除沿河流两岸及岸线附近低洼地段发育第四系孔隙水外,其余丘陵部分均为基岩裂隙水,含水层岩性主要为燕山晚期及晋宁期各种花岗岩、片麻岩及部分岩脉。风化裂隙发育程度的强弱,决定了该类岩石的富水性。由于各种花岗岩抗风化能力强,深部裂隙不发育,风化裂隙只发育在浅部,深度一般为 5 ~ 15 m,强风化深度只有 3 ~ 10 m,故富水性差。主要接受大气降水的补给,水位变幅较小,地下水水位埋深随地形而异,一般为 3 ~ 5 m。单井涌水量小于 20 m³/d,但水质较好,多为 $HCO_3 - Ca \cdot Mg$ 型水,矿化度小于 1 g/L,是当地居民的主要水源。但在构造发育地带及有利地形处,发育有点状或线状的构造裂隙富水段,如梭罗树水源地。

梭罗树水源地中部发育两条与水源地南北长轴方向近似平行的断裂构造,并于水源地中北部交汇,透水性、富水性较强。水位埋深 6 m 左右,具一定的承压性。单井涌水量 1 000 ~ 2 500 m³/d,水质类型为 $HCO_3 - Ca \cdot Mg$ 型水,矿化度为小于 0.3 g/L 的低矿度淡水。

4.2　地下水补径排条件

研究区内地下水的补给、径流和排泄,严格受地形、构造等因素控制。第四系孔隙水主要接受大气降水补给和河流侧渗补给。基岩裂隙水则主要接受大气降水补给。地下水运流方向与地形坡向及河流流向大致相同。基岩裂隙水及部分孔隙潜水,在重力潜流和水力坡度影响下,流向河谷。大部分第四系孔隙水沿河流方向由高到低径流入海,排泄途径较短。

4.3　地下水水位动态特征

4.3.1　孔隙水水位动态特征

傅疃河、绣针河、两城河两侧的冲积—洪积层中的孔隙水,总的水位特征是:顺河流流向,地下水位由高到低;地下水水力坡度在 1.5‰ 左右;地下水位埋深一般 2 ~ 3 m,在富水地段埋深一般小于 2.5 m。距河流愈近,埋深愈小,反之埋深愈大。

年水位变幅:地下水位年变幅一般小于 3 m。近河谷地带水位变幅较小,不同年份地下水水位年变幅差异较大。

孔隙水水位动态主要受大气降水及地表水的影响,一年中可分为两个变化阶段:7—9

月为水位回升阶段,即丰水期,地下水位迅速回升,一直延续到丰水期结束;10月至翌年6月,地下水水位呈缓慢下降趋势,水位变化曲线表现为陡升缓降的特点(图4-2)。

2006—2010年最高水位出现在8—9月,一般与集中降水时间一致。年最低水位一般出现在4—5月,这主要取决于当年进入雨季时间与上一年降水量的多少。地下水位多年变化动态过程与降水变化相一致,随降水量的平水年—枯水年—丰水年的变化表现为中—低—高的变化规律。多年平均变化值有正有负,变化幅度一般小于1 m(图4-3)。

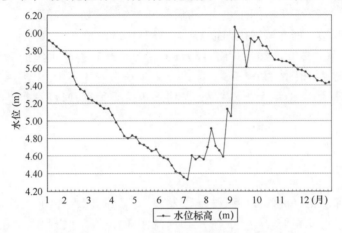

图4-2　2011年日照市东港区两城安门庄水位曲线

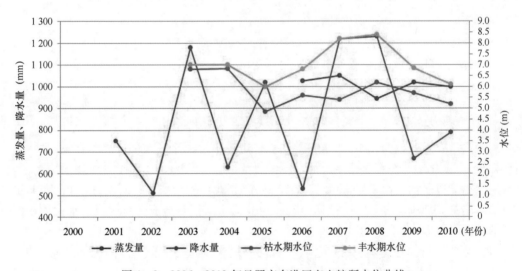

图4-3　2006—2010年日照市东港区奎山粮所水位曲线

4.3.2　裂隙水水位动态特征

研究区裂隙水地下水位的区域变化以北东—南西向和北西—南东向分水岭为界,自中部向东西两侧,水位由高到低逐渐变化,地下水流向以分水岭为界向东西两侧地形低洼处及河流方向径流。

研究区裂隙水水位动态变化主要受大气降水的影响。由于大部分基岩裸露较好,地表风化裂隙发育,利于降水的入渗,地下水位的变化明显表现出与降水的一致性,显示出多年周期性变化特征。由于地形、地貌、位置及地质条件的不同,基岩裂隙水水位动态变化可分为陡升陡降及缓升缓降两种类型。

在低山丘陵区,由于地形相对较高,近地表风化裂隙充填较差,透水性好,且地下水水力坡度较大,含水层能迅速接受大气降水的补给。一般6月下旬水位开始回升,且上升较快,滞后时间较短,一般2~5天。降水愈大,滞后时间愈短。丰水期过后,水位下降也较快,水位变化为陡升陡降型。而在该区山前地带,地形相对较低,地下水水力坡度小,含水层透水性及径流条件差,水位变化曲线呈现缓升缓降的特点。基岩裂隙水年最高水位一般出现在7—8月,年最低水位一般出现在5—6月。多年水位动态变化不大,出现周期性的升降。因受年降水量变化影响,一般丰水年份变幅大,枯水年份变幅小,但没有明显的连续升或降的趋势。

4.4　地下水水化学特征

日照市海岸带除沿河流两岸线低洼地段发育第四系孔隙水外,其余丘陵山区发育基岩裂隙水。第四系孔隙水主要接受大气降水和河流侧向补给。基岩裂隙水在重力影响下,流向河谷,大部分第四系孔隙水沿河流由高到低流入海洋,排泄途径较短。地下水水化学特征受其地形、岩性和气候条件的影响,水化学类型以 Cl 型、HCO_3 型、$HCO_3 \cdot Cl$ 型、$HCO_3 \cdot SO_4$ 型、SO_4 型和 NO_3 型为主,矿化度均在0.3 g/L以上(图4-4)。

从研究区内主要河流上、中、下游不同位置的孔隙水水质分析资料对比看出,地下水的水化学成分随径流途径、气象等条件的变化而变化,从补给区到排泄区呈明显的分带性。补给区地下水的水化学类型为 $HCO_3 - Ca$ 型水,径流区为 $HCO_3 - Ca \cdot Na$ 型水,到排泄区逐渐过渡到 $HCO_3 \cdot Cl - Ca \cdot Na$ 型水,而在河流入海处地下水为 $Cl - Na$ 型水。地下水从补给区到排泄区主要组分发生变化,水质类型也相应变化。从多年资料分析,上游补给区地下水中各种离子含量有增有减变化不大,水化学动态稳定。中游径流区大部分离子含量有所增高,但变幅较小,水化学动态相对稳定。而在下游排泄区内,近年来 Cl 离子含量逐渐增高,如夹仓观测点由2001年的72.34 mg/L到2012年增加到1 149.94 mg/L,矿化度由2001年的0.74 g/L增加到2012年的2.31 g/L。由此看出,海水入侵是造成排泄区地下水化学动态不稳定的主要影响因素。

Cl 型水主要分布在傅疃河、两城河、绣针河入海口附近,地形趋于平缓,水力坡度变缓,径流速度变慢,水循环条件差,蒸发作用加强,水化学作用以浓缩作用为主。水中阴离子以 Cl^- 为主,阳离子以 Ca^{2+}、Na^+ 为主。

HCO_3、$HCO_3 \cdot Cl$ 型水在区内广泛分布,地下水径流畅通,自然交替强烈。地下水化学作用以溶滤作用为主,水中阴离子以 HCO_3^-、Cl^- 为主,阳离子以 Ca^{2+}、Na^+ 为主。矿化度小于1g/L,水质良好。

$HCO_3 \cdot SO_4$ 型、SO_4 型、NO_3 型水在城镇周边、果园、菜地等地零星出现,城市垃圾以及农田农药、化肥的大量使用,导致水质较差,SO_4^-、NO_3^- 离子超标。

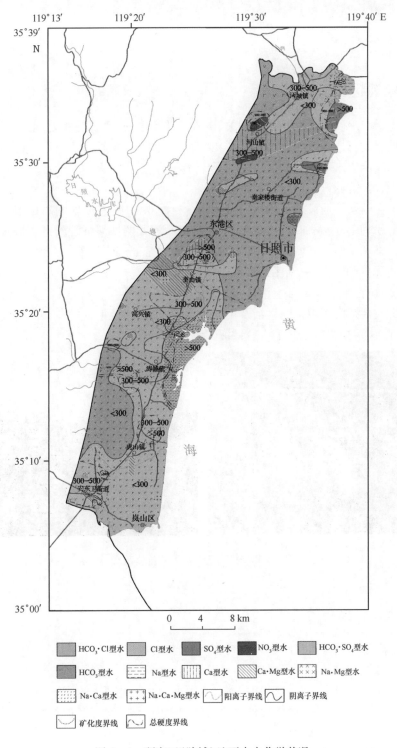

图 4 - 4 研究区(陆域)地下水水化学状况

4.5　水资源质量

4.5.1　污染现状概况

　　地下水质量与地质环境质量密切相关,随着日照市第一、第二污水处理厂及岚山污水处理设施相继投入运行,较往年相比,日照市的污水总排放量逐渐趋于稳定,过去一些受污染影响的地下水监测点水质也出现了好转。但仍有一些生活、工业废水通过下水道、污水沟、明渠、暗道向附近的沟谷、河流排放,最终入海。

　　两城镇的生活及工业废水汇入两城南部东屯村的小河中,在安家村东南部汇入两城河,污染大户为淀粉加工、蔬菜加工、冷藏厂等,使东屯小河及两城河下游附近 3 km 的河水及两岸地下水受污染。日照市老城区及奎山镇的所有废水全部流入崮河,在大古镇汇入傅疃河,使傅疃河下游 2 km 的河水受到污染。

　　涛雒、虎山镇污水主要来自生活废水,排放量较小,分别排入竹子河、龙王河,在两河下游入海。岚山城区及安东卫镇的生活及工业废水,有南北两条渠道排泄,北线汇入甜水河下游直接入海,南线则在荻水东部汇入绣针河入海(图 4 -5)。

图 4 -5　崮河、绣针河下游排放污水

4.5.2　地表水污染及质量评述

　　日照市海岸带有供水意义的地表水系有两城河、傅疃河及绣针河,这三条河流是日照市重要的供水水源地,但同时下游也是城市乡镇工业和生活污水的排泄通道,下游河水受到严重污染。分别在两城河下游、傅疃河中下游、崮河下游和绣针河下游采取地表水样进行污染分析,以其分析测试结果进行水质评价。评价采用单因子评价方法进行评价,评价标准采用《地表水环境质量标准》(GB3838 -2002)(刘凤枝,2001)。

　　单因子评价法是分别将各水质参数与《地表水环境质量标准》中的三类水质指标进行对比,计算出各样品的达标率、超标率、超标倍数(表 4 -1)。

　　根据分析计算结果,两城河水质较好,达标率在 70% 以上。傅疃河、绣针河上游水质较好,达标率在80%以上。傅疃河大古镇下游段、绣针河获水段水体被严重污染,达标率在70%以下,污染物以有机质为主,主要为氨氮、磷及少量重金属元素等(表4-1)。

表4-1 地表水单样品水质评价结果

样号	达标率	超标率	超标倍数									
HLS1 绣针河 (上)	94.74%	5.26%	COD	总磷	氨氮	总氮	Cu	Zn	氟化物	As	Hg	Cd
			–	–	–	7.18	–	–	–	–	–	–
			氰化物	挥发酚	硫化物	硫酸盐	氯化物	硝酸盐	Mn	Cr	Pb	
			–	–	–	–	–	–	–	–	–	
HLS2 绣针河 (下)	68.42%	31.58%	COD	总磷	氨氮	总氮	Cu	Zn	氟化物	As	Hg	Cd
			–	4.67	–	9.56	–	–	–	–	–	–
			氰化物	挥发酚	硫化物	硫酸盐	氯化物	硝酸盐	Mn	Cr	Pb	
			–	–	–	6.16	42.37	–	1.80	–	4.80	
HLS3 两城河 (下)	84.21%	15.79%	COD	总磷	氨氮	总氮	Cu	Zn	氟化物	As	Hg	Cd
			–	–	–	5.85	–	1.11	–	–	–	–
			氰化物	挥发酚	硫化物	硫酸盐	氯化物	硝酸盐	Mn	Cr	Pb	
			–	–	–	–	6.14	–	–	–	–	
HLS4 两城河 (上)	73.68%	26.32%	COD	总磷	氨氮	总氮	Cu	Zn	氟化物	As	Hg	Cd
			–	1.19	1.09	10.22	–	1.05	–	–	–	–
			氰化物	挥发酚	硫化物	硫酸盐	氯化物	硝酸盐	Mn	Cr	Pb	
			–	3.40	–	–	–	–	–	–	–	
HLS5 崮河	84.21%	15.79%	COD	总磷	氨氮	总氮	Cu	Zn	氟化物	As	Hg	Cd
			–	2.77	3.73	4.81	–	–	–	–	–	–
			氰化物	挥发酚	硫化物	硫酸盐	氯化物	硝酸盐	Mn	Cr	Pb	
			–	–	–	–	–	–	–	–	–	
HLS6 傅疃河 (下)	68.42%	31.58%	COD	总磷	氨氮	总氮	Cu	Zn	氟化物	As	Hg	Cd
			–	5.25	12.44	16.08	–	–	–	–	–	–
			氰化物	挥发酚	硫化物	硫酸盐	氯化物	硝酸盐	Mn	Cr	Pb	
			–	1.00	–	–	3.12	–	1.30	–	–	
HLS7 傅疃河 (上)	94.74%	5.26%	COD	总磷	氨氮	总氮	Cu	Zn	氟化物	As	Hg	Cd
			–	–	–	4.16	–	–	–	–	–	–
			氰化物	挥发酚	硫化物	硫酸盐	氯化物	硝酸盐	Mn	Cr	Pb	
			–	–	–	–	–	–	–	–	–	

4.5.3 地下水污染及质量评述

4.5.3.1 地下水污染分布范围

日照市海岸带地下水主要有第四系松散岩类孔隙水和基岩裂隙水两个类型,是工农业及生活用水的重要水源,但由于工业废水及生活污水的不合理排放,使海岸带内部分地段地下水受到污染。据调查分析,地下水污染主要分布在城区、乡镇附近及河流下游地段。根据监测分析,地下水较普遍的污染项目有:总硬度、硫酸盐、氯化物、硝酸盐、亚硝酸盐、氨氮、镉、铅等,而远离城区及河流上段地下水监测中未发现有超标项目(庞绪贵等,2008)。

4.5.3.2 地下水质量评价

地下水化学成分是地下水与环境、人类活动长期相互作用的产物。本次研究工作以地下水水质调查分析或水质监测为基础,采用综合评价方法(魏嘉等,2006;李亚松等,2011)。评价标准依据 GB/T14848 –93《地下水质量标准》。

根据地下水质量标准,对单项组分进行评价,按标准所列分类指标划分组分所属质量类别,不同类型标准化值相同时从劣不从优。

对各类别按表4 –2 规定分别确定单项组分评价值 F_i。

表4 –2 评价法评分值

类别	Ⅰ	Ⅱ	Ⅲ	Ⅳ	Ⅴ
F_i	0	1	3	6	10

按式(4 –1)和式(4 –2)计算综合评价分值 F:

$$F = \sqrt{\frac{\overline{F}^2 + F_{max}^2}{2}} \qquad (4-1)$$

$$\overline{F} = \frac{1}{n}\sum_{i=1}^{n} F_i \qquad (4-2)$$

式(4 –1)中,F 为综合评分值,$\overline{F}$ 为各单项组分评分值 F_i 的平均值,F_{max} 为单项组分评价分值 F_i 中的最大值;式(4 –2)中,n 为项数,F_i 为各单项组分评分值。

根据综合评分值 F,按表4 –3 划分地下水质量级别。

表4 –3 评分法评分值

级别	优良	良好	一般	较差	极差
F	<0.80	0.80 ~ <2.50	2.50 ~ <4.25	4.25 ~ <7.20	≥7.20

五类水的水质特征如下。

一类水:主要反映地下水化学组分的天然低背景含量,适用于各种用途。

二类水:主要反映地下水化学组分的天然背景含量,适用于各种用途。

三类水:以人体健康基准值为依据,主要适用于集中式生活饮用水源及工、农业用水。

四类水:以农业和工业用水要求为依据,除适用于农业和部分工业用水外,适当处理后可作生活饮用水。

五类水:不宜饮用,其他用水可根据使用目的选用。

根据区内地下水的多年水化学动态特征、污染物来源及水文地质条件分析质量,对野外取得的 111 个地下水水质监测样品进行分析,选取 pH、总硬度、硫酸盐、氯化物、铁、锰、铜、硝酸盐、亚硝酸盐、氨氮、氟化物、汞、砷、镉、铬(六价)、铅共16项指标作为地下水环境质量的评价因子。其中,pH、总硬度、硫酸盐、氯化物、硝酸盐、亚硝酸盐等指标反映了地下水类型;氨氮、氟化物、铁、锰、铜、汞、砷、镉、铬(六价)、铅等指标反映了工业污染对地下水的影响(程继雄等,2008)。根据《地下水质量标准》(GB/T14848 – 93),采用评分法对地下水质量进行评价(李肖兰等,2012)。

根据评价结果,研究区地下水质量分为良好、较差和极差三个级别。在111个样品中,地下水良好级水样有41件,占总数的36.9%;较差级达41件,占总数的36.9%;极差级29件,占总数的26.1%(图4 – 6)。

1)地下水水质良好区

地下水水质良好区面积约445 km²,占研究区总面积的61.82%。分布在两城镇—东港区一带、高兴镇一带、巨峰河南岸—岚山头一带。地下水类型近河岸为松散岩类孔隙水,外部为基岩裂隙水,岚山区主要为基岩裂隙水。地下水良好区无工业污染源,主要污染物是生活污水及化肥、农药。综合评价分值平均值为2.18,最大值为2.25。区内硝酸盐含量普遍较高,单项组分评价分值 F_i 最高为3。该区地下水质量特点是超标组分少且倍数小,单项评价值小于或等于3,因此地下水水质较好。

2)地下水水质较差区

地下水水质较差区分布面积约187 km²,约占研究区总面积的25.98%。主要分布在两城河、傅疃河、巨峰河下游冲积平原地区以及河山—许家官庄一带、龙王河上游地区。地下水类型多为松散岩类孔隙水,少部分为基岩裂隙水。由于河流下游接纳了城镇工业及生活污水,所以下游两岸地下水遭受污染。在广大的农村地区,仍然以农业、林果业为主,大量施用化肥、农药引起污染,因此地下水水质较差。地下水中主要超标组分为总硬度、氯化物、硝酸盐、亚硝酸盐等。水质较差样品的综合评价分值在4.29 ~ 7.19之间,综合评价分值最高点分别位于涛雒镇大棚种植地和东石梁头村,分别为基岩裂隙水、第四系孔隙水,主要超标组分为总硬度、硝酸盐、亚硝酸盐,单项组分评分值最高为10,污染较重。

3)地下水水质极差区

地下水质量极差区面积约88 km²,占研究区总面积的12.20%。主要分布在两城河下游安家岭一带、山海天海水浴场一带、傅疃河及巨峰河下游奎山—涛雒—东湖一带、河山镇西北一带、绣针河下游汾水镇一带,总体呈带状沿海岸线分布,地下水类型为松散岩类孔隙水。由于各河流下游接纳了工业及生活污水,所以河流两岸地下水遭受工业污染,海岸线附近海水入侵严重,地下水水质极差。在111件样品中,水质极差样29件,占总数的26.1%。综合评价分值平均值为7.30,最大值为7.77,主要超标组分为总硬度、硫酸盐、氯化物、硝酸盐、亚硝酸盐、氨氮、铅,超标项目较多,超标倍数较大,因此地下水质极差。综合评价分值最大值点位于涛雒镇栈子村,为第四系松散岩类孔隙水,主要超标组分为总硬度、硫酸盐、氯化物、锰、亚硝酸盐、氨氮、铅,单项组分评价分值 F_i 分别为10、10、10、10、10、3、3,说明该区地下水主要受工业污染和海水入侵影响。

综上所述,日照市海岸带地区地下水水质总体良好,良好级别地下水面积所占比例达62.26%。水质变化总体由内陆向海岸线逐渐变差,尤其是河流入海口处的城镇、村庄,受工业、生活污水及海水入侵影响,地下水水质较差(徐军祥等,2001)。

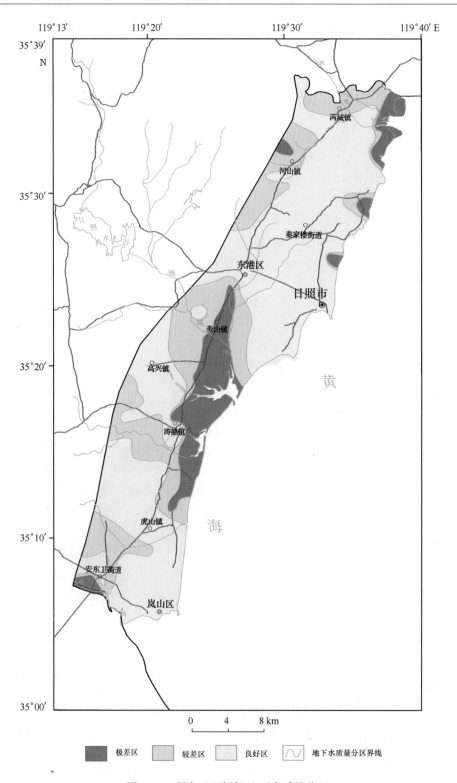

图 4 - 6 研究区(陆域)地下水质量分区

5 工程地质

5.1 工程地质分区特征

　　岩土体是一切建筑物之地基,是决定各区域工程地质条件的基础。工程地质条件主要受地形、地貌、地层岩性及构造的影响与控制(顾晓鲁等,2003)。根据地貌与构造特征,研究区属于鲁东丘陵工程地质区的五莲山侵入岩变质岩较不稳定亚区。

　　区内广泛出露燕山期坚硬块状侵入岩、元古代坚硬层状混合岩化变质岩,工程地质性质良好。山间谷地土体以黏性土双层结构为主,滨海平原土体以上层砂性土双层结构为主,夹淤泥类土。根据中国地震动参数区划图,区内地震烈度Ⅵ~Ⅶ度,地震动峰值加速度0.1~0.15 g,地震动反应谱特征周期0.45~0.40 s(图5-1)。区内存在震害及滨海淤泥质土软弱层等不良工程地质问题。

5.2 岩体工程地质类型及特征

　　研究区内岩体主要为坚硬的块状侵入岩岩组和坚硬的层状混合岩化变质岩岩组(图5-2)。

5.2.1 坚硬的块状侵入岩岩组

　　主要分布在研究区的奎山—河山一带,岩性主要为燕山期二长花岗岩。岩石坚硬、致密、性脆、块状结构,整体性好,力学强度高。山区风化带一般小于3 m,其他地区10~20 m。该组岩石 $f_{ac}=130\sim170$ MPa, $f_r=90\sim130$ MPa(f_{ac} 为岩石极限干抗压强度, f_r 为岩石饱和极限抗压强度)。

5.2.2 坚硬的层状混合岩化变质岩岩组

　　主要分布在丝山、老爷顶及梭罗树一带,主要岩性为元古代片麻状二长花岗岩、斜长角闪岩、石英岩及片岩等。岩石坚硬、致密、强度高,力学性质不均一,片岩软弱夹层力学强度较低。风化带厚30~40 m。该组岩石 $f_{ac}=160\sim180$ MPa, $f_r=120\sim140$ MPa。

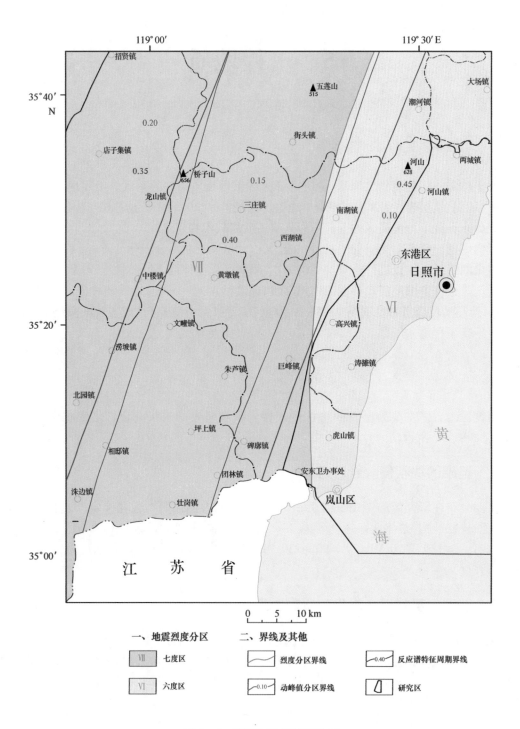

图 5-1　研究区地震烈度分区

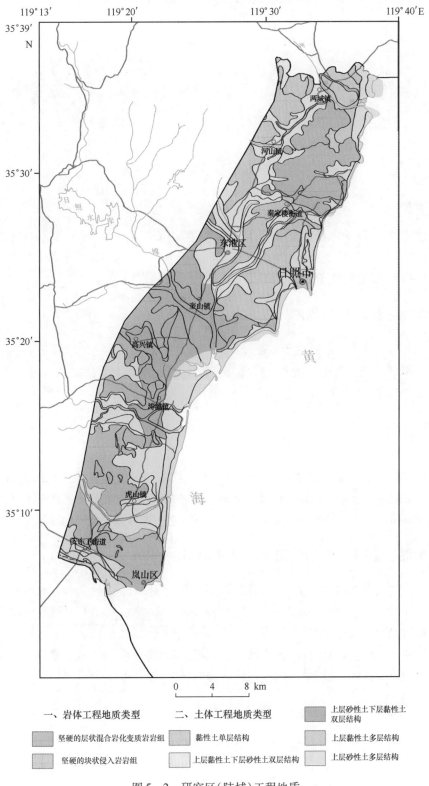

一、岩体工程地质类型　　　二、土体工程地质类型

坚硬的层状混合岩化变质岩岩组　　　黏性土单层结构

坚硬的块状侵入岩岩组　　　上层黏性土下层砂性土双层结构

上层砂性土下层黏性土双层结构

上层黏性土多层结构

上层砂性土多层结构

图 5 – 2　研究区(陆域)工程地质

5.3　土体工程地质类型及特征

5.3.1　河谷阶地冲积层

土体为上层黏性土下层砂性土双层结构,2～10 m。上部黏性土为黄至黄褐色粉土、粉质黏土,软塑、可塑,中密;下部为砂、砂砾石层,工程性质良好。黏性土 f_{ak} = 100～170 kPa,砂性土 f_{ak} = 120～190 kPa(f_{ak} 为地基承载力标准值)。

5.3.2　山前及河谷冲洪积层

土体结构复杂,以上部黏性土多层、双层及黏性土单层结构为主。上部黏性土为黄褐色粉土、粉质黏土,间夹淤泥类土,可塑,中密,厚度小于5 m。下部为黏性土与细砂互层。黏性土 f_{ak} = 120～180 kPa,砂性土 f_{ak} = 140～200 kPa(王光栋等,2009)。

5.3.3　滨海平原冲积海积层

土体以上层砂性土下层黏性土双层或上层砂性土多层结构为主。上层砂性土厚度小于5 m,岩性为粉细砂、中砂,下部黏性土为粉土、粉质黏土夹黏土及淤泥类土。黏性土 f_{ak} = 80～130 kPa,砂性土 f_{ak} = 80～140 kPa。

5.4　岩土工程分析评价

研究区内广泛分布有坚硬的侵入岩及变质岩,碎屑岩及松散岩类分布面积较小。除沿海地带局部分布的海积层工程地质条件较复杂外,其余广大基岩地区工程地质条件较好,工程地质问题少(高喜政、盛根来,2011)。现将研究区内所存在的主要工程地质问题概述如下。

5.4.1　淤泥及土壤盐渍化对工业及民用建筑的影响

研究区内的淤泥及盐渍化土分布范围较小,但仍然有一部分。在沿海地带海积层分布区,表土多为淤泥质亚砂土或淤泥质砂,结构松软,下部3～7 m一般有一层黑色淤泥,厚1～5 m,含水量较高,具较高压缩性和较低承载力,不易兴建大型建筑物。

近海地带水质较差,地面盐渍化较为严重,对建筑物腐蚀破坏明显。建筑物应该采取有效的工程地质措施,以防止地面下沉和对建筑物的腐蚀破坏(郑广琦,1991)。

5.4.2　构造及地震对工程地质条件的影响

研究区靠近沂沭断裂带东侧,据日照市地震局资料(图5-3),1995年苍山地区发生5.2级地震,2004年9月10日莒县发生4级地震,2005年10月18日在郯城发生4.9级地震。据收集资料分析,沂沭断裂带之一的安丘—莒县断裂为发震断裂。断裂构造破坏了岩石的完整性,降低了岩石的力学性质,地震引起的振动力及伴随断裂产生的位移则直接危害建筑物的安全。研究区的地震烈度为Ⅵ～Ⅶ度,在进行工程建设时,除临时性及轻型建筑物外,均须考虑采取防震措施。

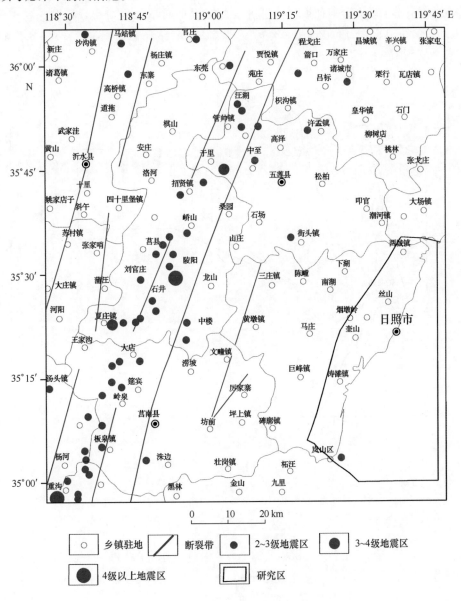

图5-3　研究区周边地震活动示意图

5.5　海域工程地质条件

研究区海域未开展过大范围专题性工程地质调查工作。在日照港、岚山港的港口码头和突堤的建设中,在近岸海域开展了相关的工程地质调查工作。总体上看,工程地质调查的海区范围较小,工程地质钻探的深度较浅。本报告根据收集的资料对研究区近岸海域的工程地质条件进行总结。

在研究区南部收集了10个工程钻孔的资料(据《山东省日照市东潘一级渔港建设项目工程地质勘察报告》等),反应研究区南部的浅部工程地质特征。钻孔分布在3~20 m水深范围(图5-4),孔口(海底面)标高-3.74~-20.90 m,钻孔的钻探深度4.6~8.5 m,钻遇的覆盖层厚度为3.4~6.5 m。

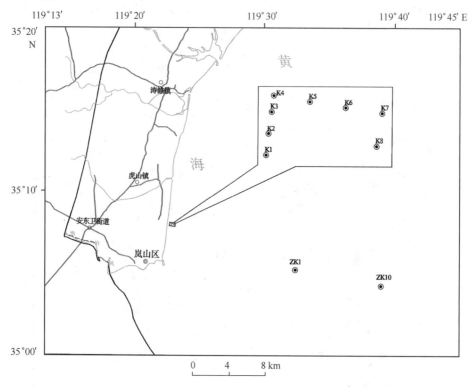

图5-4　研究区南部海域工程地质钻孔位置

5.5.1　近岸工程地质特征

综合考虑时代、成因、岩性、沉积相变组合、工程特性差异等因素,将近岸海域钻孔钻遇的岩土分为5个工程地质主层,按自上而下的层序分别为:淤泥质黏土层、粉细砂层、中细砂层、砂质黏土层、强风化花岗片麻岩。

各岩土层物理特征及分布分述如下。

1)淤泥质黏土(Q_4^m)

灰黑色,饱和,流塑状态,土质较不均匀,底层含有少量粉砂,混贝壳碎屑。

该层在工程区分布较局限,钻遇层厚1.20~1.80 m,平均厚度1.50 m。钻遇层顶标高-7.41~-6.32 m,钻遇层底标高-9.12~-7.72 m,层底埋深1.20~1.80 m。

主要物理力学指标:含水率$\omega = 44.8\%$,孔隙比$e = 1.258$,液限$W_1 = 41.4\%$,塑限$W_p = $

19.3%,塑性指数 $I_p = 22.1$,液性指数 $I_1 = 1.15$,压缩系数 $av_{1-2} = 0.863$ MPa^{-1},压缩模量 $Es_{1-2} = 2.62$ MPa,快剪粘聚力 $C_{cq} = 12.0$ kPa,快剪内摩擦角 $\varphi_{cq} = 3.0°$,标贯击数 N = 2 击,地基容许承载力值 $f = 60$ kPa,工程性质差。

2)粉细砂层(Q_4^m)

灰褐色—黄褐色,饱和,松散状态,分选磨圆较好,砂粒含量达 68.7%,含有较多的粉粒,含量 17.8%,粘粒含量 11.8%。该层在工程区分布广泛,所有 8 个钻孔均有钻遇该层,钻遇层厚 0.80 ~ 1.60 m,平均厚度 1.24 m;钻遇层顶标高 -9.12 ~ -3.74 m,钻遇层底标高 -10.22 ~ -5.24 m,层底埋深 1.20 ~ 2.90 m。该层共进行标贯试验 8 次,标贯击数 4.0 ~ 9.0 击,平均值 7.0 击。根据原位测试和室内试验成果,综合考虑确定该层容许承载力 $f = 100$ kPa。

3)中细砂层(Q_4^{al+pl})

黄褐色,饱和,中密—密实状态,分选磨圆较差,含有较多的粗砾,混有黏性土,含量小于 40%,砂由黏性土胶结,底层含有大块碎石。

该层在工程区分布较广泛,在近岸的钻孔 K1、K2、K3、K4、K8 号有钻遇该层,钻遇层厚 0.60 ~ 5.30 m,平均厚度 3.30 m;钻遇层顶标高 -10.01 ~ -5.24 m,钻遇层底标高 -11.19 ~ -7.64 m。该层共进行标贯试验 4 次,标贯击数 16 ~ 34 击,平均值 25.2 击。根据原位测试和室内试验成果,综合考虑确定该层容许承载力 $f = 240$ kPa。

4)砂质黏性土层(Q_3^{el+dl})

黄褐色,可塑—硬塑状态,土质较不均匀,见有铁锰质浸染和钙质结核,混有较多的粗砂粒,底层含有少量碎石。

该层在工区分布较广泛,在远岸的钻孔 K4、K5、K6、K7、K8 号有钻遇该层,钻遇层厚 0.80 ~ 2.70 m,平均厚度 1.80 m;钻遇层顶标高 -10.61 ~ -7.64 m,钻遇层底标高 -13.01 ~ -8.94 m。

主要物理力学指标:含水率 $\omega = 28.7\%$,孔隙比 $e = 0.85$,液限 $W_1 = 43.1\%$,塑限 $W_p = 25.5\%$,塑形指数 $I_p = 22.1$,液性指数 $I_1 = 0.52$,压缩系数 $av_{1-2} = 0.349$ MPa^{-1},压缩模量 $Es_{1-2} = 6.42$ MPa,快剪粘聚力 $C_{cq} = 46.0$ kPa,快剪内摩擦角 $\varphi_{cq} = 18°$。该层共进行标贯试验 3 次,标贯击数 15 ~ 21 击,平均值 18.6 击。根据原位测试和室内试验成果,综合考虑确定该层容许承载力 $f = 260$ kPa。

5)强风化花岗片麻岩

黄褐色,片麻状构造,矿物成分以石英、长石、云母为主,云母含量大,矿物风化较严重,手可捻碎呈砂土状。

该层在工程区分布广泛,所有 8 个钻孔均有揭露该层,钻遇层顶标高 -13.01 ~ -8.94 m,受孔深限制,揭露厚度 2.00 ~ 2.10 m,未钻透该层。

该层共进行标贯试验 3 次,标贯击数 51 ~ 54 击,平均值 52 击。根据原位测试并结合地区经验,确定该层容许承载力 $f = 700$ kPa,变形模量 $Eo = 30$ MPa。

5.5.2 岚山港航道工程地质特征

收集的另外两个钻孔 ZK1 和 ZK10 孔位于岚山港航道附近(图 5 - 4),孔口水深分别为 16.8 m 和 20.9 m,钻探深度约为 5 m,主要钻遇表层的松散沉积物,没有到达基岩层,钻遇地层主要由第四系海相沉积的淤泥质粉砂、粉砂、粉质黏土、粉土及黏土层组成,单层厚度较薄,横向变化较大。

　　1)淤泥质粉砂层(Q_4^m)

　　浅灰色或灰黑色,流塑—软塑,土质不均匀,干强度中等,层厚 0 ~ 1.0 m。其中,表层为灰黑色淤泥,流塑,有腥臭味。

　　2)粉砂层(Q_4^m)

　　浅灰色,松散,饱和,主要颗粒成分为石英、长石,级配差,含淤泥质成分,层厚 1.0 ~ 1.4 m。

　　3)粉质黏土层(Q_4^m)

　　黄褐色,软塑—硬塑,土质不均匀,干强度中等,韧性中等,层厚 3.20 ~ 4.50 m。下部有粉土和粉砂夹层。

5.6　人类工程经济活动

　　近几十年来,随着日照市经济发展以及人口增长、工程建设和开发活动日趋活跃,对自然环境的干扰和破坏也愈来愈强烈。不合理及不符合自然规律的人类工程经济活动,诱发和加剧了地质灾害的发生。这些工程经济活动主要为矿产资源开发,公路等交通设施建设,居民生产、生活等。

5.6.1　矿产资源开发

　　矿产资源开发是人类工程经济活动之一,而且活动强度较大。截至 2012 年底,研究区开发的矿产资源全部为非金属矿产,主要为建筑石料用花岗岩和石棉矿。建筑石料用花岗岩矿山规模全部为小型,主要以加工石子为主,石子和石粉随采随卖,不存在渣石大规模堆积现象,但其开采边坡处岩石破碎,坡高(5 ~ 50 m 不等)且陡(大于 80°),在影响地质环境的同时,亦存在潜在的崩塌、滑坡(破坏了岩体结构)等突发性地质灾害。研究区内地下矿体开采较少,仅在研究区南部的日照市石棉矿矿区内,开采方式为冒落式开采,由于地下矿体长期开采,形成一定的采空区,已引发多处地面塌陷,塌陷深度最深达 20 m 左右。

5.6.2　公路等交通设施建设

　　研究区近十多年来大力发展交通设施,修建城区道路、二级公路及通往各乡镇的道路,公路修建过程中开挖边坡,破坏了岩、土体原有的应力结构,尤其是乡镇以及乡村路开挖边坡处基本不做护坡处理,易造成边坡失稳,形成崩塌、滑坡等地质灾害。

5.6.3　居民生产、生活

　　研究区山区和丘陵区居民因受地形、地貌等条件的限制,其工程经济活动主要集中于地理位置相对较低的河谷地带,垦山造田、切坡建房和砍伐林木等,这些都使自然环境和地质环境受到不同程度的改变和破坏。同时山区的过度放牧导致植被破坏,水土流失加速。最终使滑坡、崩塌、泥石流等地质灾害加速发展。

6 地质资源

6.1 区域地质资源

6.1.1 地质资源现状

6.1.1.1 矿产资源概况

日照市矿产种类较多,能源、金属、非金属和水气矿产均有赋存。截至 2005 年底,全市已发现矿产 60 种(含亚种),矿床(点)214 处。已发现的矿产以非金属矿为主,占发现矿种的 77%。查明资源储量的矿种 13 种,其中能源矿产 1 种,金属矿产 3 种,非金属矿产 8 种,水气矿产 1 种。查明资源储量的矿区(床)20 处,矿床规模以中、小型为主。

6.1.1.2 矿产资源基本特点

日照市矿产资源分布比较广泛,各县(区)均有矿产分布。东港区主要有岩金、铜矿、铁矿、建筑用花岗岩、普通萤石及铸型用砂等矿产。五莲县蕴藏有岩金、铜矿、硫铁矿、红柱石、膨润土、大理岩及资源丰富的饰面用花岗岩等矿产。莒县赋存有较丰富的石灰岩、白云岩、页岩、钛铁矿等矿产,此外还有高岭土、瓷石、重晶石和沸石等矿产。岚山区发现有铁矿、铜矿、石棉、蛇纹石、橄榄岩、榴辉岩、建筑用花岗岩等矿产。2 县 2 区均有矿泉水分布。

研究区矿产资源以非金属矿产为主,饰面用花岗岩、砖瓦用页岩资源比较丰富,查明的非金属储量大、质优,分布集中,易于开采。山东省的红柱石、蓝晶石等矿产主要集中在日照市,其中红柱石矿保有资源储量居全国第 5 位。

6.1.1.3 旅游地质资源

日照市旅游地质资源丰富。日照市濒临黄海,拥有近百千米的阳光海岸,金色沙滩达 60 km 余,适宜开辟优质海水浴场的面积在 15 km² 以上。独具特色的海水浴场资源,其地貌、沙质、海况、气象及生态等各项具体指标均能满足国际通行的标准,属于省内一流海滩资源,亦为国内海滨所少见。

名山秀水有"奇秀不减雁荡"的五莲山、"奇如黄、秀如泰、险如华"的九仙山、生长着天下第一银杏树的浮来山、拥有世界最大汉字摩崖石刻"日照"二字的河山、"天成景色"阿掖山,九仙山有生长在长江以北面积最大的野生杜鹃花区和幽长深邃的龙潭峡谷。

6.1.2 矿山地质环境现状与趋势

6.1.2.1 矿山地质环境现状

全市露天采场已占地面积 4.91 km²,加上尾矿、废石等占地总量达到 5.80 km²。采矿塌陷、露天采场破坏土地面积已达 4.57 km²,废水、废液排放量 108.16×10⁴ t,矿渣、尾矿积存量 49.2×10⁴ t。七宝山金矿开采历史久,规模大,采矿场边坡失稳、坍塌和尾矿坍塌等地质灾害隐患较多。建筑石材采矿场不但废石产出量大,而且石材加工废水也对周围环境造成污染。众多的露天采矿场,给原有的地质地貌景观造成较严重的破坏,有的已经无法恢复治理,或者治理难度已相当大。另外,露天采矿极易造成扬尘、水土流失等生态环境问题,在生态环境脆弱地区尤其明显。采矿塌陷及存在塌陷隐患的主要是石棉矿和金矿,目前塌陷影响面积已有 0.12 km²,并且呈继续扩大趋势。采矿塌陷不但破坏土地,还会引发地表水倒灌等灾害的发生(徐启营等,2005)。

6.1.2.2 矿山地质环境治理

全市建立了地质地貌景观、地质遗迹保护区 15 个,保护区面积达 349 km²。已建自然保护区 5 个,省级风景名胜区 1 个,省级、国家级森林公园各 1 个。对矿产资源总体规划划定的禁采区、限采区和"三区两线"可视范围内区域,采取了分批停产、分期治理的方针,先后关停了 80 余处采石场点。对新市区内的 8 处大型采石场分别进行了封闭和治理,利用废旧矿坑先后建成了 1 处人工湖和 3 处公园,总面积达 1.33 km²。在沿海一带,将压覆海砂资源的建筑物进行了全部拆除,恢复海滩面积 30 余万平方米。治理滑坡面积 2 200 m²,改造、恢复植被 2 km²,矿山生态环境恢复 0.11 km²,矿山土地复垦面积 0.59 km²,复垦率 52.55%,其中黏土矿矿山企业共复垦土地约 0.28 km²,矿石废渣综合利用 200 余万吨。

截至 2007 年,露天采场破坏土地面积 6.12 km²,恢复治理面积 3.38 km²。矿渣、尾矿积存量 1 091.8×10⁴ t,综合利用 464.2×10⁴ t。

6.1.2.3 矿山地质环境趋势

随着生产规模的不断增大,矿业工业生产活动中产生的粉尘和二氧化硫的排放量仍然呈逐渐增长的趋势。矿山企业不断加大废水处理力度,废水综合利用程度不断提高,预测矿山废水处理量将继续加大,矿山废水年排放量有所减少;矿山废渣、尾矿利用量会逐渐增加,排放量逐渐减少。除市区及周围部分采石坑已治理外,大部分花岗石、水泥用灰岩、白云岩矿区由于采空区面积不断增加,且未采取回填措施,仍有可能进一步发生崩塌。沿海地区,由于地下水开采量得不到控制,海水入侵将进一步加剧。莒县等隐伏灰岩分布区,随着地下水开采量的增加,岩溶塌陷也将会有所增加。中低山、丘陵区,随着人类工程经济活动的加剧,崩塌、滑坡、泥石流灾害也将呈上升趋势(孙斌等,2013)。

6.1.3 矿产资源开发利用保护与治理分区

根据矿山地质环境影响评估分区结果,结合矿山环境发展变化趋势分析,共规划重点保护区 21 处、重点文物保护区 18 处,矿山地质环境重点预防区 11 处,一般治理区 5 处。

重点保护区是指城区、重要工业区港口、机场、重要国防工程设施附近一定范围内;铁路、国道、高速公路等重要交通干道两侧直观可视范围区;已建各类自然保护区(地质遗迹、地质公园、森林公园),省级以上旅游风景名胜区,各级地质地貌景观保护区;市级及以上重点文物保护单位及其附近区域;城市居民饮用水供水水源地;基本农田保护区,重要地表水体和湿地保护区。

重点预防区主要是指进行矿产资源开发,容易引发一系列矿山环境问题,造成较大生态破坏,严重危害到人居环境、生态系统、工农业生产和经济发展的区域等。

一般治理区主要是指矿产资源开发对环境造成破坏,但破坏程度相对较轻;矿山环境问题对生态环境、工农业生产和经济发展造成一定影响,且影响程度较重点治理区弱的区域,这些区域可作为矿山环境远期治理区。铁路、高速公路两侧可视范围的露天采矿场,各区、县砖瓦黏土矿需要进行土地复垦的区域。

6.2 研究区矿产资源状况

根据日照市矿产资源总体规划(2006—2015 年),研究区及其周边矿产资源主要为金、铜、铁、石棉、蛇纹岩、建筑石材等,矿床规模以矿点、矿化点为主(表 6 - 1、图 6 - 1)。根据规划,丝山、奎山、阿掖山建筑石材矿为禁止开采区,现已停采。虎山镇建筑石材矿,为限制开采区。梭罗树蛇纹岩矿为重点开采区。

表 6 - 1 日照海岸带矿床(点)一览表

矿种	名称	地质特征	矿物成分	平均品位	储量	工业矿床类型
金	日照高旺金矿	高旺矿区矿体成群出现,共有 5 个矿体群,赋存于陡崖岩组大理岩中,单个矿体呈层状、扁豆状,矿体群呈雁行状排列。矿体规格,长 30 ~ 50 m,厚 0.3 ~ 24.41 m,埋深 25 ~ 260 m	磁铁矿、黄铜矿、黄铁矿、赤铁矿、辉铜矿、闪锌矿等	Tfe:37.63%;Cu:0.966%;Au:1.53 g/t;Co:0.015% ~ 0.46%	铁矿石:214.5 ×10⁴ t;铜矿石:8 074.6×10⁴ t;金:1 973 kg;钴:58.3 t	小型
铜	日照市岚山区杨家庄铜矿点	矿体产在北西向破碎带中,主要矿化岩石为矿化角砾岩,矿体成脉状、不连续透镜状,矿体走向 300° ~ 330°,倾向北东,倾角 45° ~ 60°。I 号矿体长 60 m,II 号矿体长 250 m,厚度 0.74 ~ 4.58 m	孔雀石、兰铜矿、黄铜矿、黄铁矿	I 号矿体铜:0.52% II 号矿体铜:1.47%	铜:691 t	矿点
铁	滨海锆钛重砂矿点	产于滨海砂中,沿海岸线分布有 3 处:石臼灯塔区:平均宽度 108 m,长 850 m,平均厚度 0.84 m;金家沟区:长 2 500 m,宽 15 m,平均厚度 0.23 m;山后区:长 1 950 m,宽 23 m,平均厚度 0.60 m	磁铁矿、钛铁矿、磷灰石、锆石等		金家沟:磁铁矿 7.31 kg/m³;山后:磁铁矿 36.28 kg/m³	矿点

续表

矿种	名称	地质特征	矿物成分	平均品位	储量	工业矿床类型
石棉	日照市岚山区虎山镇梭罗树石棉矿	矿体产于蛇纹岩中,赋存于石棉矿化带内,平面形态为脉状或透镜状,横剖面看为上尖下宽的竹笋状或脉状,纵剖面上为椭圆状或饼状,有分支复合、膨胀收缩现象	蛇纹石、橄榄石、石棉等	平均含棉率5.48%	C+D级15.2×10⁴ t	大型
蛇纹岩	日照市岚山区虎山镇梭罗树蛇纹岩矿	蛇纹岩即蛇纹岩矿体,呈岩墙状产出。矿体走向350°,倾向南西,倾角上陡下缓,矿体长1 000 m,宽500 m。中间有夹石层,矿石主要为全晶质结构,块状构造	蛇纹石		B+C+D级16 418.62×10⁴ t	小型
建筑石材	日照市东港区奎山建筑石材矿	矿体为中生代燕山晚期下书院单元,中粒正长花岗岩,呈岩株状产出,规模巨大				大型(停采)
	日照市东港区丝山建筑石材矿	矿体为新元古代晋宁期荣成超单元丝山单元,中粗粒含角闪黑云二长花岗岩				大型(停采)
	日照市岚山区虎山镇建筑石材矿	矿体为新元古代晋宁期荣成超单元丝山单元,中粗粒含角闪黑云二长花岗岩				大型(限制开采)
	日照市岚山区阿掖山建筑石材矿	矿体为新元古代晋宁期荣成超单元老爷顶单元,中细粒碱长花岗岩				大型(停采)

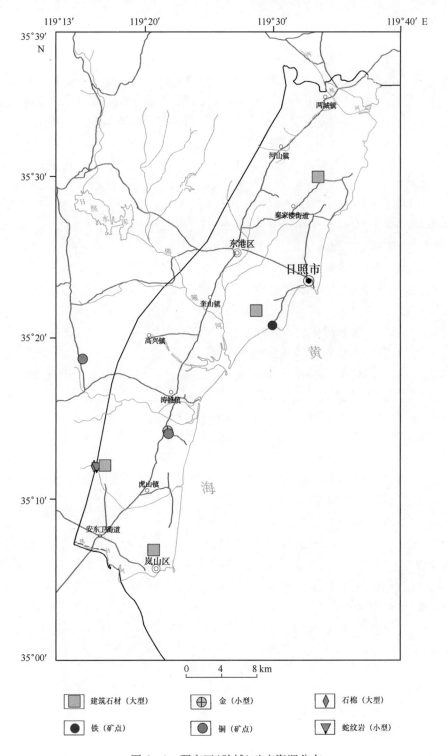

图 6-1 研究区(陆域)矿产资源分布

6.3 滨海湿地资源

湿地是指天然或人工的、永久性或暂时性的沼泽地、泥炭地和水域,蓄有静止或流动、淡水或咸水水体,包括低潮时水深浅于 6 m 的海水区。所有季节性或常年积水地段,包括沼泽地、泥炭地、湿草甸、湖泊、河流及洪泛平原、河口三角洲、滩涂、珊瑚礁、红树林、水库、池塘、水稻田以及低潮时水深浅于 6 m 的海岸带等,均属湿地范畴(张向东,2008)。它们共同的特点是其表面常年或经常覆盖着水或充满了水,是介于陆地和水体之间的过渡带。

湿地是地球上生物多样性丰富和生产力较高的生态系统,不仅蕴藏着丰富的自然资源,为人类生产、生活提供水、粮食、肉类、鱼类、药材、能源、矿产以及多种工业原料,而且具有巨大的调控环境的功能作用,湿地在抵御洪水、调节径流、降解污染物、控制污染、调节气候、涵养水源、促淤造陆、美化环境等方面起到重要作用。它既是陆地上的天然蓄水库,又是众多野生动植物资源,特别是珍稀水禽的繁殖和越冬地。湿地与人类息息相关,是人类拥有的宝贵资源,因此湿地被称为"生命的摇篮"、"地球之肾"和"鸟类的乐园"(崔娜娜等,2006)。

日照海岸线长 168 km,滨海湿地包括浅海水域、潮间泥沙滩、砂石海岸、滩涂盐沼、小的河口湾和几个近陆岛屿,总面积约 360 km²。

浅海水域,面积约 120 km²,岸线较为平直。

潮间泥沙滩,潮间带多为细砂质,仅在东港区秦楼、石臼和岚山头周围分布着 6.59 km² 岩礁滩涂。整个岸滩北宽南窄,北部王家滩以外的岸滩宽达 2 km 以上,中部约 500 m,至南部的刘家海屋则不足 50 m 宽,潮间带面积 50.58 km²。

砂石海岸,海岸线上分布着 15.62 km² 的沙丘,其宽度在 600 m 以上。其间断续分布着 21 km 砾石性海岸,基岩山区临近本段海岸,濒海的山嘴和山前剥蚀面成为岬角和水下礁滩,海岸线以基岩岬角为支点,呈一系列链锤波状曲线。与砂石海岸相邻的还有 39 km² 的盐碱滩,大多已被开挖成盐田和鱼虾池,其中盐田 10 km²,鱼虾池 12 km²。近陆岛屿有桃花峦、出风岛、平山岛、达山岛和车牛山岛,岛屿面积 0.321 km²。

日照浅海生物资源丰富,主要有鱼类、头足类、甲壳类、贝类和藻类,产量较高的有黄鲫鱼、鲅鱼、乌贼、对虾、西施舌、文蛤、大竹蛏、四角蛤等。潮间带以近方蟹、红线黎明蟹、马蹄蟹、豆孝蟹为代表的甲壳类较多。在砾石性海底生活着棘皮动物海参、海胆。具有"活化石"之称的珍贵脊索动物文昌鱼,大量分布在平山岛、达山岛、车牛山岛和石臼海域之间。湿地鸟类主要有黑叉尾海燕、普通鸬鹚、苍鹭、白鹭、白鹳、大天鹅、赤麻鸭、绿翅鸭、琵嘴鸭、斑嘴鸭、鸳鸯、丹顶鹤、灰鹤、灰斑鸻、金眶鸻、环颈鸻、青脚鹬、黑尾鸥等 50 余种,是迁徙水禽的重要越冬地和"驿站"。

湿地植被丰富,滨海砂地上分布着黑松、赤松、麻栎、单叶蔓荆、香附、珊瑚菜、苍耳、茅草等,滨海盐碱滩及沟洼地生长着柽柳、碱蓬、结缕草、茅草、芦苇、蒲、大米草等。图 6-2 为傅疃河下游河口湿地植被和鸟类。

土地利用状况:浅海水域主要用于捕捞和水产养殖,沿海滩涂多用于养殖对虾和放养贝类,部分盐碱滩被开挖成盐田,海岸沙坝多用于植树造林。

干扰和威胁:随着城市化、工业化发展,湿地面积不断缩小,污染有所加重。

图6-2 傅疃河下游河口湿地植被和鸟类(据马维宝等,2006)

保护状况:日照市采取措施禁止重污染项目的开工建设,对原有的污染源进行了一定程度的治理,注意加强港湾管理,防止燃油及港口垃圾对海域的污染。

7　海岸线和海滩

7.1　海岸线

日照市海岸线北起两城河口,南至绣针河口。《山东省海岸带和滩涂资源综合调查报告》(1990 年)公布的日照海岸线全长为 94.94 km;"我国近海海洋综合调查与评价"专项("908"专项)公布的日照海岸线的数据为 167 km(2011 年);本次调查日照海岸线长度为 168 km。

不同时期调查成果公布的海岸线长度数据的差异由以下两个方面的因素引起。

一是与调查技术方法和选取的参数有关。《山东省海岸带和滩涂资源综合调查报告》(1990 年)中的海岸线长度是根据海图上的岸线(即多年的大潮高潮时所形成的实际痕迹线)进行量算得到的。"908"专项的海岸线是根据专项《海岸带调查技术规程》(2005 年)、《海岸线修测技术规程》和《山东省"908"专项海岸带调查技术规程》确定的技术要求,利用 RTK 技术进行沿岸修测得出的结果。选用的定义是"大潮平均高潮线",观测点间距平均为 2 km,并在岸线曲折度大的测点进行加密测量,对人工海岸进行了专门的界定,同时岸线也包括了受海水影响的潟湖和河口部分。本次调查沿用了"908"专项的技术要求,利用高分辨率的遥感影像进行解译和岸线长度的量算。

二是与历史时期的海岸线的变化有关。一方面是自然岸线的侵蚀、淤长导致岸线的波动,如河口三角洲淤长导致岸线前延,长度增加;海岸侵蚀则可能导致岸线夷平,长度缩小;但如果侵蚀引起岸线向岸后退,海岸曲率加大,则岸线变长;潟湖、海湾的淤长则导致岸线的曲率下降,长度减小。另一方面是人类的海岸开发和工程活动会导致岸线特征和长度变化,如港口、码头、围填海和其他临海开发活动会使海岸线的形态、走向、曲率等发生急剧的变化,海岸线的长度也发生变化,这种变化也同时改变了海岸线的属性,一般是使自然岸线转变为人工岸线。

日照市海岸线在自然因素和人为因素共同影响下不断发生变迁,尤其随着临海工程建设和开发活动的逐年活跃,其变迁特征更加明显。本研究选取了研究区 1980 年、1985 年、1990 年、1995 年、2000 年、2005 年、2012 年遥感影像进行海岸线提取(图 7 - 1、表 7 - 1)。通过对比不同年份海岸线的特征,结合历史资料及前人的研究成果,分析日照市海岸线的变动趋势及其影响因素。

日照海岸线 1980—1990 年总体呈微弱的侵蚀状态,但河口部分仍有淤积;1990—2000 年,日照港的建设将该区海岸线向海推进,但其他地区海岸线却持续后退,尤其以南部岚山区侵蚀严重;2000—2012 年,日照港到傅疃河口沿岸建设幅度不断增加,岸线不断向海推进。同时,日照南部岚山区由于港口建设,海岸线变化剧烈,是引起岸线波动的热点地区。

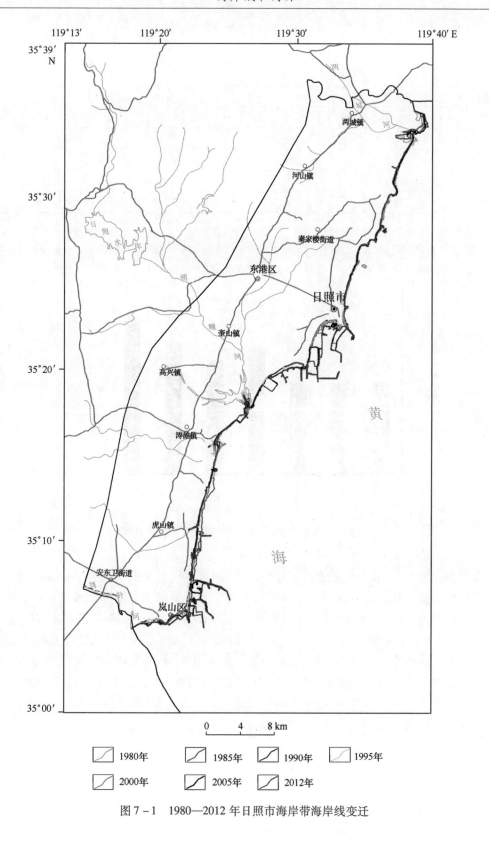

图 7 - 1   1980—2012 年日照市海岸带海岸线变迁

表 7 -1　日照市海岸线长度变化

年份	海岸线长度(km)	自然海岸(km)	人工海岸(km)	人工海岸比例(%)
1980	100.1	94.6	5.5	5.5
1985	98.94	87.1	11.84	11.9
1990	98.96	78.4	20.56	20.8
1995	136.61	86.01	50.6	37
2000	122.63	59.13	63.5	51.8
2005	141.63	32.5	109.13	77
2012	168.78	31.2	137.58	81.5

日照市海岸线的总体变化趋势是岸线总长度增加,其中砂质岸线减少,人工岸线从1980年开始持续增长。从图 7 - 2 中可以看出三者之间此消彼长的相互关系。

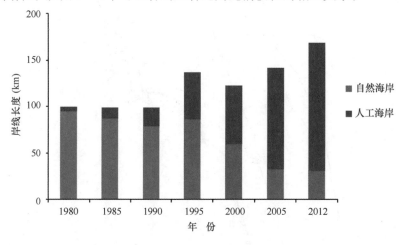

图 7 - 2　日照市海岸线长度和组成结构变化对比

随着日照港和岚山港、日照钢铁厂等的建设,附近岸线发生明显变化,海岸线由较平直的砂质海岸转变为狭长的、复杂的人工海岸,人为拉长了日照市的海岸线长度,并且幅度较大。人工岸线的长度由 1980 年的 5.5 km 增长为 2012 年的 137.58 km,所占比例也急速增长,由 1980 年的 5.5% 增长为 2012 年的 81.5%,到 2000 年,人工岸线就超过了海岸线比例的一半以上。值得注意的是本次调查的岸线组成与"908"专项调查的结果有差异(淤泥质岸线占总长度的 25.1%,砂质海岸线占 28.7%,基岩岸线占 4.2%,人工岸线占 41.9%),一方面是岸线分类的原则有差异,主要反映在潟湖区、养殖区、有挡浪墙的岸段,另一方面也反映了近年来海岸人为影响强度有进一步加剧的趋势。

7.2　潮间带

潮间带是指平均大潮高潮线到平均大潮低潮线之间的区域。日照市主要以砂质和基岩海岸为主,海岸坡度较陡,潮间带宽度小,是山东省潮间带面积最小的市,仅占山东省潮间带总面积的 1.7%。

《山东省海岸带和滩涂资源综合调查报告》(1990)中的"滩涂"即是潮间带,根据海图岸线至 0 m 等深线(理论基准面)之间的区域进行量算,海图为 1984 年的最新测量数据。调查结果显示,日照海岸滩涂总面积为 50.59 km²,其中,基岩底质的硬质滩涂面积 6.59 km²,砂、泥、砾组成的软质滩涂面积 44.00 km²。

"908"专项的《海岸带调查技术规程》(2005)界定的潮间带的范围为海岸线至海图 0 m 等深线的范围,利用最新的遥感和海图资料进行量算。调查结果为日照市的潮间带总面积为 74.9 km²,其中,粉砂淤泥质滩 39.7 km²,砂质海滩 34.9 km²,基岩岸滩 0.3 km²。显然,由于港口开发活动和围填海的影响,基岩潮间带的面积明显缩小。

7.3 海滩

日照海岸线总体较为平直,以砂质海岸为主,局部被基岩岬角分割,沿岸多以平缓的剥蚀平原及小型河口冲积平原为主体。海岸砂质海滩发育,占全市潮间带总面积的 46%。几个主要的沙滩的特征参数见表 7-2。

表 7-2 日照主要沙滩特征参数

序号	县区	沙滩名称	沙滩中点坐标		沙滩长度(km)	沙滩类型
			纬度(N)	经度(E)		
1	东港区	海滨森林公园海滩	35°31′28.80″	119°37′18.38″	5.1	堆积夷平砂岸
2	东港区	大陈家海滩	35°29′21.37″	119°36′26.33″	2.1	岬角间堆积夷平砂岸
3	东港区	桃花岛风情园海滩	35°28′02.94″	119°35′56.16″	1.4	堆积夷平砂岸
4	岚山区	万平口浴场海滩	35°25′33.50″	119°34′01.50″	6.4	潟湖沙坝砂岸
5	岚山区	傅疃河口海滩(蔡家滩—鱼骨庙)	35°17′22.02″	119°26′38.40″	7.3	河口沙坝砂岸
6	岚山区	虎山海滩(沾子—东潘家)	35°13′11.17″	119°23′39.70″	14.7	潟湖沙坝—风成沙坝岸

本次调查选择代表性的海滩进行了潮间带地貌和底质的调查,共布设了 6 条调查和取样剖面,包括:万平口海滩 2 条(万平口海水浴场剖面 P1、山海天海水浴场剖面 P2)、森林公园海滩 1 条(公园南门剖面 P3)、大陈家海滩 1 条(任家台海水浴场剖面 P4)、虎山海滩 2 条(金沙岛海水浴场剖面 P5、西潘村海水浴场剖面 P6)(剖面位置见图 7-3)。开展了海滩剖面地形测量、底质取样和分析。剖面地形测量从后滨沙坝、滩肩或防波堤的根部开始,垂直岸线方向向海延伸,至低潮线附近(图 7-4)。在剖面的后滨、高潮线、潮间带、低潮线及潮下带 5 个位置进行了海滩表层物质取样,另外对个别海滩进行了浅钻取样和分析(表 7-3,图 7-4)。

万平口海水浴场剖面(P1)上滩面宽平,下滩面发育沙坝。上海滩表层沉积总体以中砂为主,深部粒度有变粗趋势。滩脚处粒度较粗,以粗砂、砾石为主,向下滩面低平段粒度变细。

山海天海水浴场剖面(P2)和 P1 剖面相似,下滩面沙坝明显变缓。表层沉积物在距岸60 m 处有明显分界,且以此为界海滩靠岸部分坡度较大,靠海部分坡度较缓,其海滩低潮段宽阔、低平。从粒度变化趋势看,海滩剖面粒径向海变细,粒径变小。

森林公园南门海滩剖面(P3)海滩整体坡度较小,上滩面窄,沉积物粒度细,以细砂为主,有消散型海滩的特征。根据浅钻沉积物记录可以看出,沉积物在横向和纵向的粒度特征变化都不大。这与它靠近河口(两城河),沉积物来源丰富有关。

任家台海水浴场剖面(P4)上滩面坡度较陡,向海逐渐变缓,显示出靠岸陡的激浪剖面和靠海一侧浅水剖面。剖面沉积物的粒度基本一致,主要为中砂。

金沙岛海水浴场剖面(P5)靠近傅疃河三角洲,潮间带宽阔,约130 m。上滩面坡度较大,下滩面坡度变缓,发育沙坝。沙坝两侧坡度不对称,陡坡向岸,因此向岸迁移,所以海滩有淤长的趋势。剖面沉积物粒度靠岸一侧较粗(中、粗砂),向海变细(细砂)。

西潘村剖面(P6)后滨发育海岸沙丘,沙丘走向与海岸线斜交(图7-3)。沉积物粒度变化具有明显分界(约距岸30 m处),靠岸为粗粒沉积,靠海一侧为细砂。

表7-3 日照海滩剖面粒度分析结果

位置	点号	颗粒百分比(%)						定名
		砾(mm)		砂(mm)			粉砂(mm)	
		10~5	5~2	2~0.5	0.5~0.25	0.25~0.063	<0.063	
万平口浴场	P1-LD1		1.5	43	48.8	6.5	0.2	中砂
	P1-LD2		9.5	64	26	0.5		粗砂
	P1-LD3			10	78.7	11	0.3	中砂
	P1-LD4			7.5	81	11	0.5	中砂
山海天海水浴场	P2-LD1		2.5	18	48	29	2.5	中砂
	P2-LD2	7.5	18.5	32	20.5	21	0.5	砾砂
	P2-LD3	12	16.5	28	19	24	0.5	砾砂
	P2-LD4		6.5	12.5	14	66.9	0.1	细砂
	P2-LD5		2	4.5	8	84.5	1	细砂
	P2-LD6			1	3	95	1	细砂
森林公园南门海滩	P3-LD1			0.5	4	94	1.5	细砂
	P3-LD2				3	96	1	细砂
	P3-LD3			1.5	6	91.5	1	细砂
	P3-LD4			1.5	3	95	0.5	细砂
	P3-LD5			1.5	2	96	0.5	细砂
任家台海水浴场	P4-LD1			3.5	56.5	39.5	0.5	中砂
	P4-LD2		9	31	51	8.5	0.5	中砂
	P4-LD3			1.5	69	29	0.5	中砂
	P4-LD4		1	4.5	67.5	26.5	0.5	中砂
	P4-LD5		0.5	4.5	73.5	21	0.5	中砂
金沙岛海水浴场	P5-LD1		1	37	51	10.5	0.5	中砂
	P5-LD2		11.5	40	26	22	0.5	粗砂
	P5-LD3		1.5	4.5	4.5	89	0.5	细砂
	P5-LD4		0.5	2.5	3.5	92.5	1	细砂
	P5-LD5		1	2	2.5	93.5	1	细砂
西潘村海水浴场	P6-LD1		0.5	34	64	1.5		中砂
	P6-LD2	14	18	56.5	11	0.5		砾砂
	P6-LD3		1	3	4	91.5	0.5	细砂
	P6-LD4		0.5	2	3	93.5	1	细砂
	P6-LD5		0.5	2	2.5	94.5	0.5	细砂

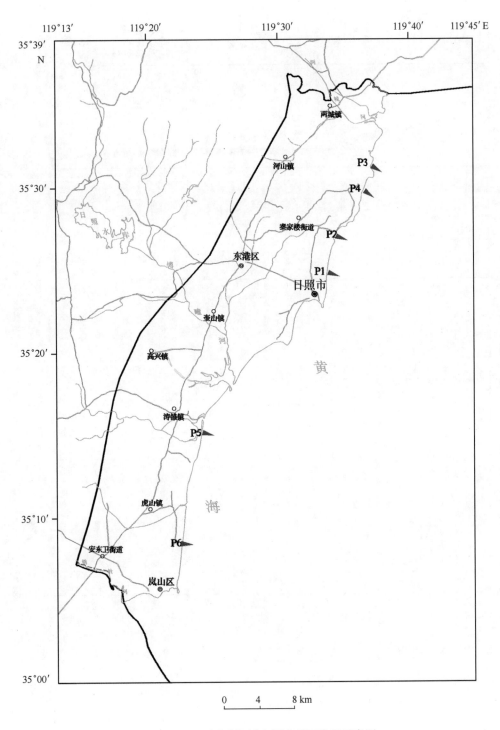

图7－3　日照重点海滩和调查剖面位置示意图

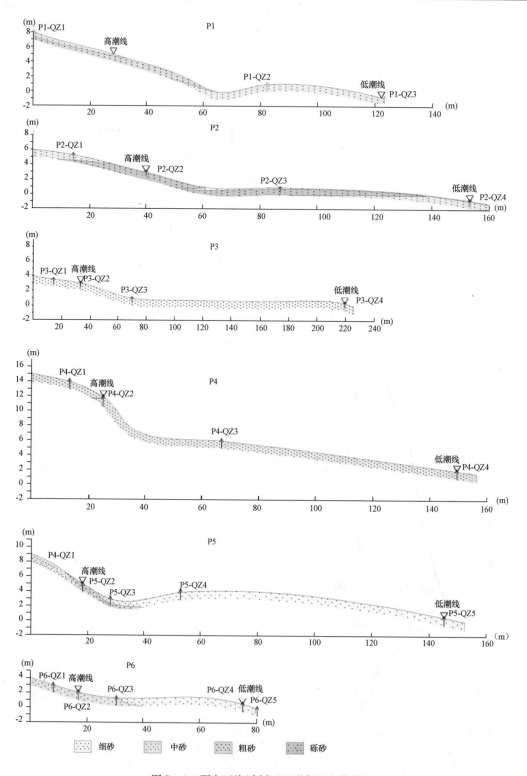

图 7 - 4　研究区海滩剖面地形与沉积物特征

7.4 海滩质量评价

海滩是良好的滨海旅游资源,由于海滩的地理位置、环境地质条件和水文条件的不同,海滩之间存在一定的差异。对此,海滩评价是一种极为有效的海滩管理工具,它不仅为海滩使用者选择海滩提供更多的帮助,也为进一步提高海滩作为休闲旅游场所的质量提供了指导方法。

我国海滩质量评价体系指标不一,评价的标准也不一样。研究区以孙静(2012)的《国内外海滩质量评价体系研究》中对国内海滩质量评价的标准为依据,选取海滩的长度、宽度、坡度和粒度等方面对研究区部分海滩进行简便的评价(表7-4)。粒度方面以沉积物颗粒粒径适中、分选系数较小为宜。沉积物粒径为2.0φ的海滩最适宜旅游开发,海滩滩面较宽,安全性好,利于水体交换。

表7-4 海滩质量评价因子

海滩	差	中	良	优
长度(m)	<500	500~1 000	1 000~3 000	>3 000
宽度(m)(平均低潮位)	<50	50~150	150~300	>300
坡度(%)(平均高潮线以上)	>20	10~20	2~10	<2
底质粒径	砂砾	粗砂	中砂	细砂

日照市海滩整体环境质量较好,但部分海滩后滨受到较大的人为扰动(人工挖砂、填砂),已经失去了原有的海滩地貌。对目前自然状态保持较好的海滩或已经开辟的海水浴场进行质量评价(表7-5),综合评价结果如下。

(1)万平口海水浴场:海滩长约6 000 m,宽约120 m,海滩坡度约11%,底质粒径以中砂为主。由于各因子质量等级不同,故综合分析海滩质量为良好。

(2)山海天海水浴场:宽约150 m,海滩坡度为7.5%,海滩粒度从岸向海逐渐变细,评价因子等级多为良好,故海滩综合质量为良好。

(3)森林公园海水浴场:海滩长而宽,坡度平缓,约3%,底质粒度细,海滩综合评价为优良。

(4)任家台海水浴场:宽约150 m,海滩高潮线以上坡度为12%,之后坡度变陡,约为36%,底质粒径为中砂,综合评价海滩质量为中等偏良好。

(5)金沙岛海水浴场:宽约145 m,海滩坡度较陡,约22%,粒度从岸向海变细,各因子等级差异较大,综合评价海滩质量仅为中等。

(6)西潘村海水浴场:海滩较窄,仅75 m,坡度约12%,海滩粒度从岸向海逐渐变细,故海滩综合评价等级为中等偏良好。

表7-5   海滩质量评价

海滩	长度(m)	宽度(m) (平均低潮位)	坡度(%) (平均高潮线以上)	底质类型	评价结果
万平口海水浴场	>3 000	122	11	中砂	良好
山海天海水浴场	>1 000	153	7.5	中砂、砾砂—细砂	良好
森林公园海水浴场	>3 000	219	3	细砂	优良
任家台海水浴场	>1 000	149	12	中砂	中等—良好
金沙岛海水浴场	>1 000	145	22	中粗砂—细砂	中等
西潘村海水浴场	>3 000	75	11.9	中砂、砾砂—细砂	中等—良好

　　从本次研究的6个海滩质量评价数据可以看出,日照市海滩质量等级处于中等以上,以良好型海滩居多。故而应加强对海滩的保护和治理,改善海滩上部沉积粒度,降低海滩坡度,进而提高海滩质量。

8 海底表层沉积物

8.1 样品采集与测试

8.1.1 样品采集

2012年青岛海洋地质研究所在研究区的近岸海域取得了50个表层沉积物样品,又收集和整理了近期研究区其他调查研究项目获得的表层沉积物成分分析数据,开展海底表层沉积物特征的研究。

表层底质取样使用箱式取样器。取样站位间距为 5 km×5 km,在研究区中段近岸区按 2.5 km×5 km 加密站位(图8-1)。每站位取得样品2袋,每袋重量不小于 1.0 kg。沉积物较细的底质样品同时采取有机地球化学样品和硫化物样品。所有样品都进行现场描述和 Eh、pH、温度测量。所取样品按规定进行标识后送回实验室进行分析测试。

8.1.2 样品分析测试

对50个表层样品进行了粒度分析和元素地球化学分析。

沉积物粒度分析方法依据《海洋调查规范·海洋地质地球物理调查》(GB/T12763.8—2007)。根据沉积物样品特点,分别采用综合法、筛析法和激光法(表8-1)。筛析法适用于以粒径大于 0.063 mm 的砂砾为主要成分的沉积物;激光法适用于以细砂以下组分为主的沉积物;当沉积物分选较差,沙泥组分均有较高含量时,综合使用筛析法和激光法进行组分分析。

取原始采集的沉积物样品 10~20 g,经过氧化氢和稀盐酸浸泡处理,除掉有机质和碳酸盐,然后洗盐,用六偏磷酸钠溶液分散后,根据规范要求分别选用不同的方法进行测试分析。激光法采用英国马尔文(MLVERN)公司生产的 Mastersizer-2000 型激光粒度分析仪(测量范围为 0.02~2 000 μm,偏差小于1%,重现性 ϕ50<1%)进行粒度测试。最后,对测量数据进行统计,计算平均粒径(Mz)、分选系数(σ_i)、偏态系数(SK)和峰态(Kg)等粒度参数(表8-2)。

表8-1 沉积物采用的分析方法

样　品	分析方法	样品数
RZ01、RZ02、RZ03、RZ04、RZ05、RZ06、RZ07、RZ08、RZ09、RZ10、RZ12、RZ13、RZ14、RZ15、RZ16、RZ17、RZ22、RZ23、RZ24、RZ25、RZ26、RZ27、RZ28、RZ29、RZ30、RZ31、RZ33、RZ34、RZ35、RZ36、RZ37、RZ39、RZ42、RZ43、RZ44、RZ48	综合法	36
RZ11、RZ32、RZ40、RZ45、RZ49、RZ50、RZ51	筛析法	7
RZ18、RZ19、RZ20、RZ21、RZ38、RZ46、RZ47	激光法	7

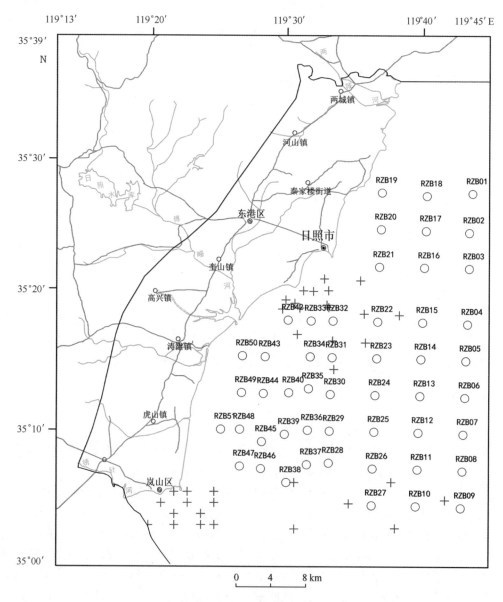

图 8 - 1　调查区海底表层沉积物取样站位分布(+ 为收集样品)

表 8 - 2　粒度参数计算公式

粒度参数	计算公式
平均粒径(Mz)	$Mz = \dfrac{1}{3}(\phi_{16} + \phi_{84} + \phi_{50})$
分选系数(σ_i)	$\sigma_i = \dfrac{\phi_{84} - \phi_{16}}{4} + \dfrac{\phi_{95} - \phi_5}{6.6}$
偏态(SK)	$SK = \dfrac{\phi_{16} + \phi_{84} - 2\phi_{50}}{2(\phi_{84} - \phi_{16})} + \dfrac{\phi_5 + \phi_{95} - 2\phi_{50}}{2(\phi_{95} - \phi_5)}$
峰态(Kg)	$Kg = \dfrac{\phi_{95} - \phi_5}{2.44(\phi_{75} - \phi_{25})}$

地球化学分析在国土资源部海洋地质试验检测中心实验室完成。将样品在恒温(<60℃)下烘干后,研磨至250目以下进行元素分析。分析项目包括常量元素、微量元素和稀土元素。常量组分 Al_2O_3、CaO、TFe_2O_3、K_2O、MgO、MnO、Na_2O、P_2O_5、TiO_2 和微量元素 Sr、Ba,采用全谱直读等离子光谱分析方法(ICP - AES)测定。As、Sb、Hg、Se 采用原子荧光光谱分析方法(AFS)测定。Li、Be、Bi、Sc、V、Cr、Co、Ni、Cu、Zn、Ga、Rb、Y、Mo、Cd、La、Ce、Pr、Nd、Sm、Eu、Gd、Tb、Dy、Ho、Er、Tm、Yb、Lu、W、Pb、Th 和 U 采用等离子质谱分析方法(ICP - MS)测定。

8.2　海底表层沉积物粒度特征

沉积物的粒度特征及其类型分布主要受物源和沉积环境等两方面因素的控制,其中沉积环境又包括水动力条件、地貌环境、海平面变化等诸多因素。因此,可以通过沉积物粒度特征的变化来反演影响沉积物粒度变化的环境因素,特别是沉积场水动力条件和物源。

沉积物的粒度组成和粒度参数可以反映水动力和沉积环境的变迁,如平均粒径可指示沉积物粒径频率分布的中心趋向,其大小反映了沉积物的平均动能。在强水动力条件下,细粒物质被搬运到别处,而沉积粗粒物质,弱水动力条件下则相反。分选系数指示沉积物的分选程度,即颗粒大小的均匀性。偏度是一个对环境比较灵敏的指标,反映了沉积过程中的能量分异,峰态代表了不同来源物质的混合程度。本节将对研究区海底表层沉积物的沉积物类型、粒度组成和一些粒度参数的变化进行详细讨论。

8.2.1　海底表层沉积物类型及其分布

8.2.1.1　沉积物分类和命名方法

目前国内沉积学研究主要使用两种分类方法,分别是 Shepard 和 Folk 等提出的沉积物分类方法及图解。关于这两种分类命名方法的适用性和特点已有多人进行讨论(汪亚平,2000;薛允传,2002;何起祥,2002;王中波,2007,2008;赵东波,2009;刘志杰,2011)。由于Folk 分类法在沉积动力和成因方面具有明显的指示意义,本次调查采用了 Folk 分类法进行海底表层沉积物命名。

8.2.1.2　沉积物分布特征

研究区的海底表层沉积物主要包括泥质砂质砾(msG)、泥质砾(mG)、砾质泥质砂(gmS)、砂(S)、泥质砂(mS)、砾质泥(gM)、砂质泥(sM)和泥(M)八种类型。泥质砂是本区分布最广泛的沉积物类型,约占该区沉积物面积的60%以上。此外,在局部地区出现大量钙质结核(图8-2、图8-3)。

1)泥质砂质砾(msG)

泥质砂质砾主要呈斑状分布在研究海区最外缘,主要由砾、中粗砂和少量的粉砂组成,分选性极差(图8-4、图8-5)。其中,RZB04 和 RZB11 站位砾级组分含量分别达40.8%和61.6%,RZB08 和 RZB10 站位的含砾量为27.2%和12.1%。砾级组分除了磨圆较好的小砾和卵石外,主要为钙质结核砾石。

钙质结核在研究区和邻近海域比较普遍,外表颜色较深,多为黄褐—黑灰色,向内颜色逐

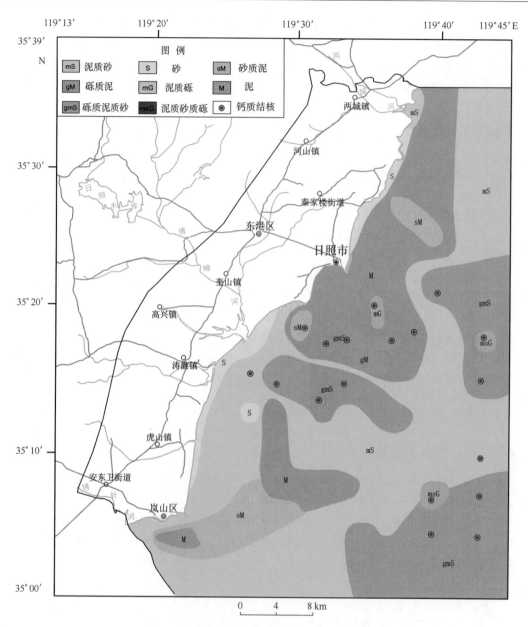

图 8 - 2　研究区海底表层沉积物类型平面分布

渐变浅,多为褐黄—灰绿色,这是由于钙质结核所含的铁锰物质外表遭受氧化及生物作用所致(王振宇,1990)。钙质结核大小相差悬殊,从几毫米到十几厘米,小者仅为 2 ~ 4 mm,大者可达十多厘米。钙质结核形状多样,主要有姜结石状、椭圆状等个体或者集合体,其中姜结石状钙质结核磨圆差,呈次棱角状,而椭圆状的钙质结核磨圆程度非常好。结核硬度视碳酸钙含量多少、结构类型不同而异,一般碳酸钙含量高、表面光滑的钙质结核硬度就高;反之则硬度低。有关钙质结核的成因的研究文章很少见诸文献,朱而勤(1985)认为结核形成于低海面干旱条件下的陆相冲积平原,在全新世海平面上升时被剥蚀出露于海底,为残留沉积的标志。

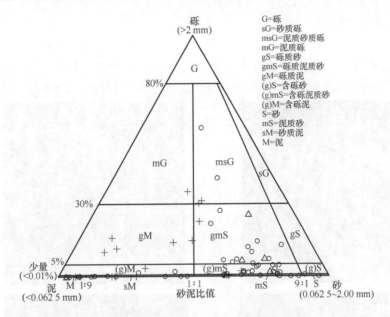

图 8-3　Folk 沉积物三角分类图解

"＋"为收集的日照港附近样品数据,"△"为收集的岚山港附近样品数据,
"○"为本次调查样品数据

图 8-4　含结核的泥质砂质砾(msG)取样站位现场照片

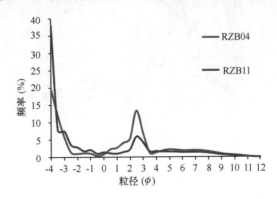

图 8-5　含结核的泥质砂质砾(msG)取样站位粒度频率曲线

2)砾质泥质砂(gmS)

砾质泥质砂主要分布在研究海区中部和东部,在傅疃河口以东离岸较远的海域,呈斑块状。砾级组分含量为 10% ~20% ,主要为粒径 2 ~4 mm 的卵砾,个别站位有贝壳碎屑和钙质结核。沉积物粒度分布曲线为典型的双峰和多峰特征(图 8 -6、图 8 -7)。

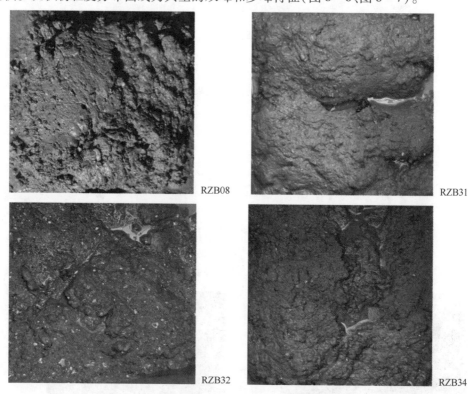

图 8 -6　砾质泥质砂(gmS)取样站位现场照片

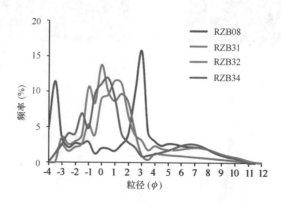

图 8 -7　砾质泥质砂(gmS)取样站位粒度频率曲线

3)泥质砂(mS)

泥质砂是研究区海域分布最广的沉积物类型,主要分布在近岸海域、两城河河口三角洲、中部、西南部和东北部海域的大部分范围。

在近岸海域,沉积物分选比较好,砂粒级组分的含量达90%,粉砂和泥的含量很低,除个别站位出现双峰现象外,多数站位为单峰,砂级组分以粗砂为主(图8-8、图8-9)。研究区中部海域水深15~20 m的站位以中细砂和细砂为主,粉砂和泥的含量逐渐增多(图8-10、图8-11)。水深20 m以外的水下岸坡,以及南部岚山港附近5~15 m水深的范围,砂级组分以细砂和中细砂为主,粉砂以下粒级含量高于20%,粒度分布曲线呈弱的双峰特征,主峰在2~3ϕ间,曲线非常尖锐,说明细砂组分含量较高(图8-12、图8-13)。

图8-8 以粗砂为主的泥质砂(mS)取样站位现场照片

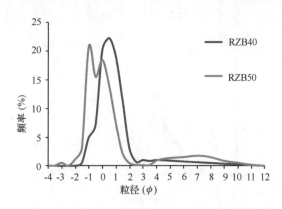

图8-9 以粗砂为主的泥质砂(mS)取样站位粒度频率曲线

4)砂(S)

砂主要呈带状分布在研究区平行海滩展布的近岸区域,由于入海河流泥沙输入和近岸物质风化剥蚀沉积,该区域砂含量非常高。在海域中纯净砂的分布区为点状分布,与周边泥质砂的分布区相连(图8-14、图8-15)。

5)砂质泥(sM)

砂质泥主要分布在岚山港附近,沿北东向呈长条状展布,其次在日照港东北海域和奎山嘴附近也有分布。粒度曲线呈现两种特征,一种为典型的双峰特征,如站位RZB17,主峰尖而窄,以细砂为主,次峰平而宽,以粉砂为主,粉砂组分含量可达50%~60%;另一种为单峰曲线,如站位RZB38,主峰在4~5ϕ间,曲线平滑,粉砂组分含量可达80%以上(图8-16、图8-17)。

图 8 - 10　以中细砂为主的泥质砂(mS)取样站位现场照片

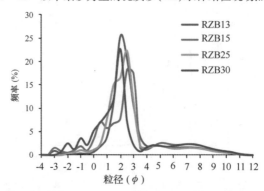

图 8 - 11　以中细砂为主的泥质砂(mS)取样站位粒度频率曲线

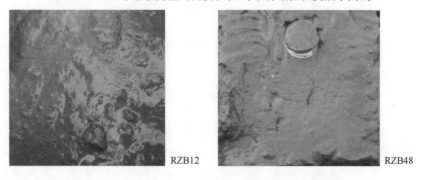

图 8 - 12　以细砂为主的泥质砂(mS)取样站位现场照片

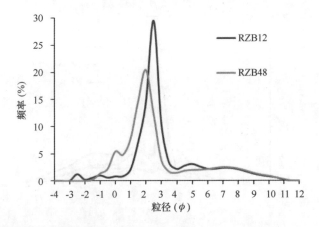

图8-13　以细砂为主的泥质砂(mS)取样站位粒度频率曲线

图8-14　砂(S)取样站位现场照片

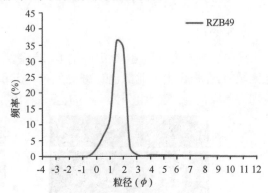

图8-15　砂(S)取样站位粒度频率曲线

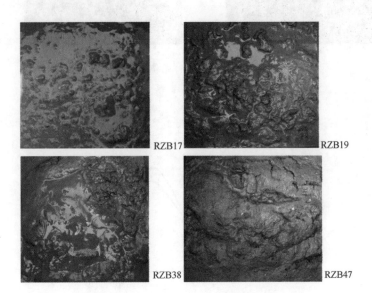

图8-16　砂质泥(sM)取样站位现场照片

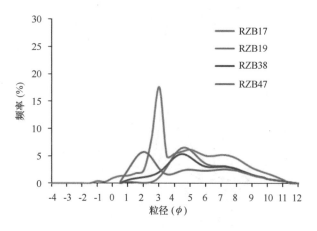

图 8 – 17　砂质泥(sM)取样站位粒度频率曲线

6)泥(M)

　　泥主要分布在日照港、岚山港港池、航道以及日照港北部水深 10 ~ 15 m 平行海岸的带状区域内,在岚山港东北部也有斑块分布。沉积物含水量高,为流态,沉积物粒度曲线大多表现为单峰,主要粒级组分为 4 ~ 8ϕ(图 8 – 18、图 8 – 19)。

图 8 – 18　泥(M)取样站位的现场照片

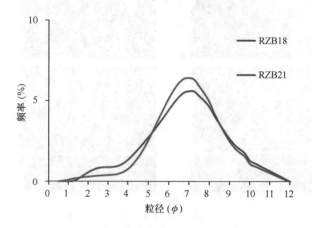

图 8 – 19　泥(M)取样站位粒度频率曲线

7) 泥质砾(mG)、砾质泥(gM)

泥质砾和砾质泥在研究区分布范围非常小,主要呈圆斑状分布在日照港航道和抛泥区附近。

8.2.2　海底表层沉积物粒级组分平面分布特征

沉积物颗粒按粒径大小可分为砾石(>2 mm)、砂(2～0.063 mm)、粉砂(0.063～0.004 mm)和黏土(<0.004 mm)4 个粒级组分。根据粒度分析结果我们绘制了研究海域海底表层沉积物砾、砂、粉砂和黏土粒级组分百分含量的平面分布图(图 8 - 20～图 8 - 23),现将它们的分布特征叙述如下。

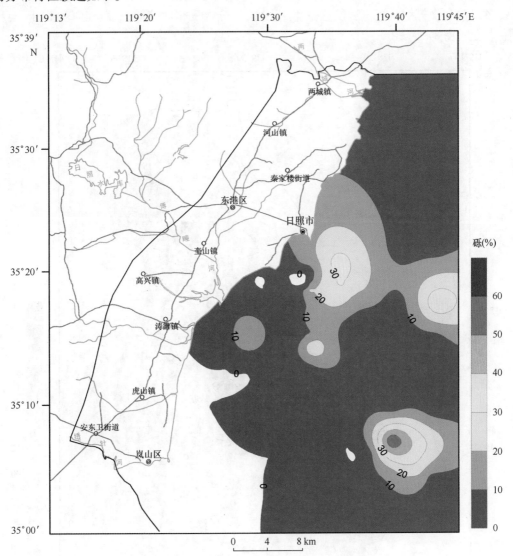

图 8 - 20　研究区海底表层沉积物砾石粒级组分的百分含量平面分布

1) 砾石粒级组分

研究区砾石粒级组分含量分布与沉积物类型平面分布有很好的对应性。砾石粒级组分高值区主要呈圆斑状或者舌状分布在泥质砂质砾、砾质泥质砂和砾砂结核混合的区域,即研究区东部和东南部,含量可达 30% 以上,日照港外的区域含量也在 10% 以上。低值区主要分布在砂和泥质砂覆盖的区域,含量在 10% 以下,分布范围最大。在泥覆盖的区域,几乎不含砾石(图 8 – 20)。

　　2)砂粒级组分

　　研究区的大部分海域的砂组分含量高,在底质类型为砂和泥质砂的站位,砂的百分含量一般在 50% 以上,最高可达到 80% ~ 90%。其次是砾质泥质砂和砾砂结核混合覆盖的区域,砂的含量中等,在 40% 左右,呈圆斑状分布。日照港东北部和岚山港东部的近岸区域主要被砂质泥和泥等细粒沉积物覆盖,砂粒组分的百分含量相对较低,一般在 30% 以下,有些站位低至 10% 以下(图 8 – 21)。

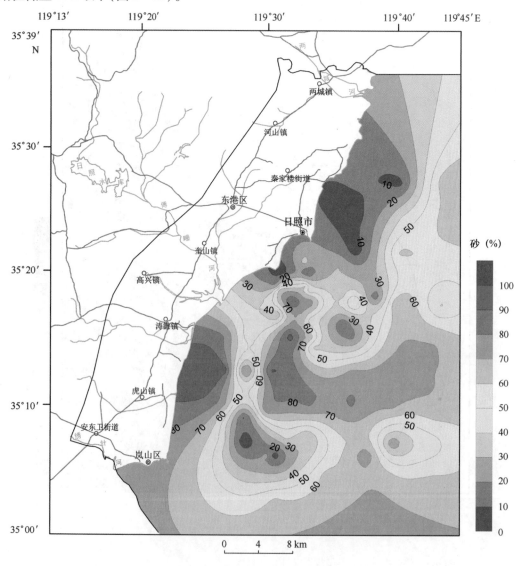

图 8 – 21　研究区海底表层沉积物砂粒级组分的百分含量平面分布

3）粉砂粒级组分

研究区的粉砂含量分布正好与砂含量分布相反。高值区主要分布在日照港东北部和岚山港东部近岸细粒沉积物区,对应的沉积物类型主要是泥,含量在 50% 以上,最高可达 60% ~70%。在砂质泥覆盖的区域,粉砂含量中等,在 40% ~50% 之间,呈圆斑状或条带状分布。在底质类型为泥质砂、砂和砾质泥质砂的区域,粉砂含量普遍较低,含量在 20% ~30% 之间,最低可达 10% 以下(图 8-22)。

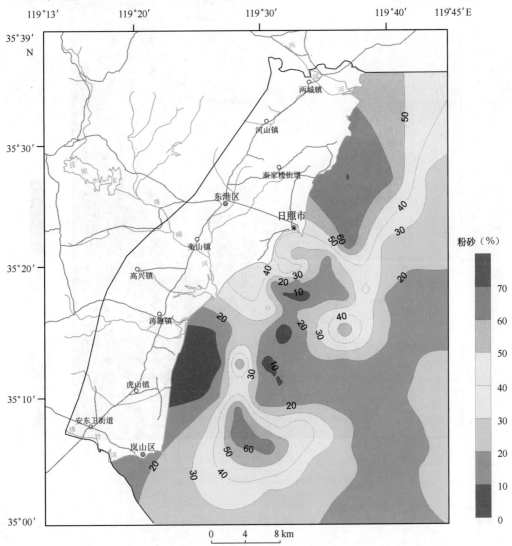

图 8-22 研究区海底表层沉积物粉砂粒级组分的百分含量平面分布

4）黏土粒级组分

研究区黏土含量总体较低,平均含量在 10% 左右,最低值约为 1%,最高值接近 30%。黏土的分布趋势与粉砂相似,高值区也主要分布于近岸细粒沉积物区,特别是日照港北部和岚山港东部近岸砂质泥和泥覆盖的区域,含量在15% ~ 25%之间,个别站位高值可达25% ~ 30%。在近岸和研究区的中东部含量极低,为5% ~ 10%,局部在5%以下。在泥质砂、砂和砾质泥质砂覆盖的大部分区域,黏土含量相对较低,一般为5% ~ 10%(图8 – 23)。

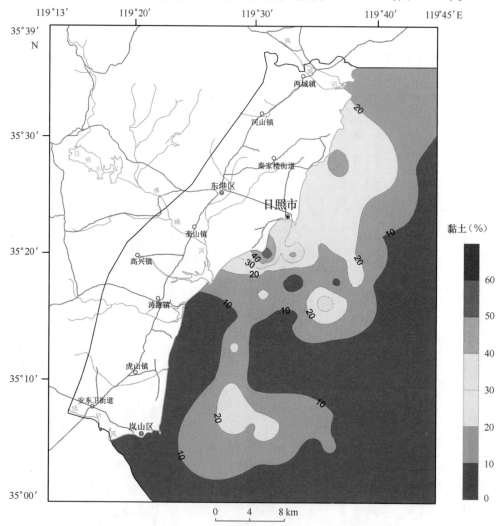

图8 – 23   研究区海底表层沉积物黏土粒级组分百分含量平面分布

从各粒级组分的百分含量平面分布图上可以看出,砂是研究区的优势粒级,平均含量高达56.11%,最高值为96.18%。黏土含量较低,最高含量仅为29.97%。砂质泥、泥主要分布在近岸区域,而泥质砂在近岸和离岸区域都有,分布范围最广。砂含量与粉砂和黏土含量互为负相关,当砂粒组分含量高时,粉砂和黏土粒级组分含量就低;相反,当砂粒组分含量低时,粉砂和黏土粒级组分含量就相应高。从整个研究区来看,粒级组分的百分含量平面分布趋势与研究区底质类型分布特征吻合得非常好,但两者的平面变化规律不符合一般的沉积规律,即随着离岸距离的增加,沉积物粒度逐渐变细,这种分布趋势是由于受研究区水动力环境和物质来源的影响。

8.2.3　表层沉积物粒度参数分布特征

沉积物粒度参数(表8-3)是描述沉积环境的重要依据之一,特定的沉积环境往往具有特定的沉积物粒度参数特征,利用沉积物的粒度参数分布特征可以识别沉积环境或判定物质运动的方式(黄广等,2008)。

表8-3　粒度参数定性描述术语

分选系数(σ_i)		偏态(SK)		峰度(Kg)	
分选极好	< 0.35			很平坦	< 0.67
分选好	0.35 ~ 0.50	极负偏	-1 ~ -0.3	平坦	0.67 ~ 0.9
分选较好	0.50 ~ 0.71	负偏	-0.3 ~ -0.1	中等	0.9 ~ 1.11
分选中等	0.71 ~ 1.00	近对称	-0.1 ~ +0.1	尖锐	1.11 ~ 1.56
分选较差	1.00 ~ 2.00	正偏	+0.1 ~ +0.3	很尖锐	1.56 ~ 3
分选差	2.00 ~ 4.00	极正偏	> +0.3	非常尖锐	> 3
分选极差	> 4.00				

注:粒度参数根据 Folk 和 Ward 公式计算得出。

1)平均粒径(Mz)

沉积物平均粒径(Mz)说明沉积物粒度分布的中心趋势,它们反映沉积介质的平均动能。一般来说粗粒沉积常见于高能环境,细粒沉积见于低能环境。当然粒度大小还取决于其原始沉积物颗粒的大小,在同一物源条件下,顺流向粒度逐渐递降。

研究区沉积物平均粒径 ϕ 值绝大部分在 2 ~ 4 之间,也就是说主要颗粒组分为细砂(图8-16)。平均粒径最大可达 7.13ϕ,属极细粉砂粒级;最小值为 -0.81ϕ,为极粗砂粒级。平均粒径较小值主要分布在研究区中部和西部近岸区域,尤其是傅疃河口南部近岸海域,平均粒径为 2ϕ 以下,主要为中砂和粗砂组分。在研究区的东部和东南部有些站位也表现出较低的 ϕ 值,主要是泥质砂质砾、砾质泥质砂和钙质结核混合的区域。平均粒径高值区出现在日照港北部和岚山港东部的近岸区域,平均粒径介于 4 ~ 6ϕ 之间,为极细砂和粗粉砂粒级。对照沉积物类型图(图8-2),可以看出研究区平均粒径的平面分布特征与沉积物类型具有很好的对应关系。沉积物类型主要为砂质泥和泥的区域,平均粒径就相对较大,ϕ 值一般大于 5;在砂、泥质砂和砾质泥质砂的地区,平均粒径较小,ϕ 值在 2 ~ 4 左右,局部站位低至 1ϕ。

2)中值粒径(D_{50})

研究区沉积物的中值粒径(D_{50})的分布趋势(图8-25)与平均粒径(Mz)的分布趋势极为相似,研究区的南部和北部的细粒分布区,中值粒径在 4 ~ 7ϕ 之间。在日照港港池区,以泥为主的区域,中值粒径高达 8 ~ 10ϕ。研究区的中部和深水区为粗颗粒的泥质砂的分布区,大范围的为中值粒径 2 ~ 3ϕ 的中细砂,傅疃河口外为中值粒径 1ϕ 左右的粗砂和粗中砂,研究区东南部则是中值粒径 -4 ~ -1ϕ 的砾质泥质砂、泥质砂质砾和结核的分布区。从总体上看,中值粒径的分布趋势与沉积物类型的分布特征较为一致。

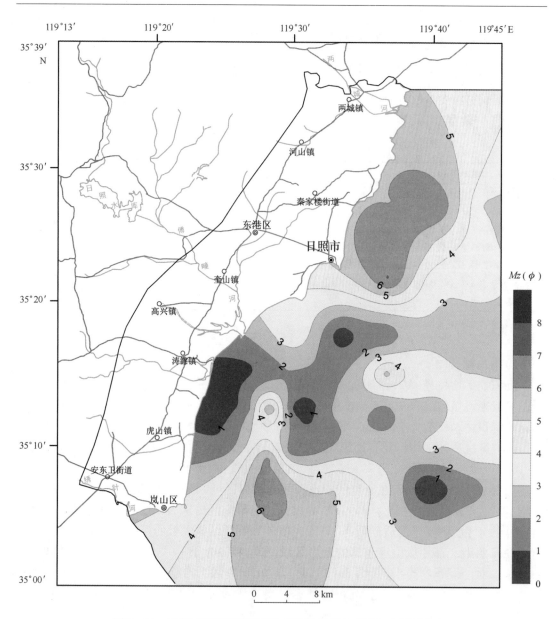

图 8-24 研究区海底表层沉积物平均粒径(Mz,单位:ϕ)平面分布

3)分选系数(σ_i)

分选系数(σ_i)指示沉积物粒度的分选程度,即颗粒大小的均匀性。若粒级少,主要粒级很突出,百分含量高,分选就好,标准偏差或分选系数的数值小;反之,粒级分布范围很广,主要粒级不突出,则分选就差,标准偏差或分选系数的数值就大。从成因上讲,"分选"是将具有某些特征,如相似粒径、比重、形状的或具有相似水动力成因的颗粒,从一个复杂的环境中选择出来的动力过程;同时,也指示这种动力过程的波动情况,当这种动力过程具有较大幅度的波动时,在不同情况下沉积了不同粒级的物质,整个沉积物的分选就较差,反之则分选好。此外,当沉积物由两种或两种以上的沉积作用,如跃移和悬浮方式搬运沉积时,还指示

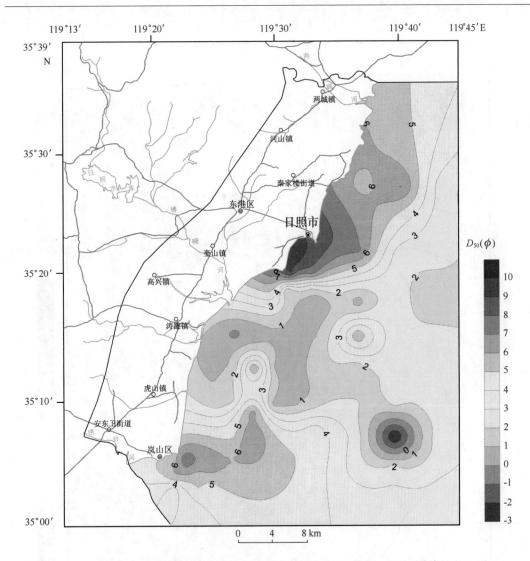

图 8 – 25 研究区海底表层沉积物中值粒径(D_{50},单位:ϕ)平面分布

这些不同的沉积方式之间有关动能的差别的大小,相近时分选好,差别大时分选差。然而即使水动力条件相同,而物质来源不同,来源物质的粒径分布,在相当大程度上也影响沉积物分选的好坏(韩华玲,2011)。

研究区分选系数变化较大,在 0.63 ~ 4.08 之间,平均值为 2.55(表 8 – 3,图 8 – 26)。大部分区域沉积物分选差,特别是傅疃河河口附近区域及研究区东部和东南部,沉积物类型主要是砂、泥质砂、砾质泥质砂和泥质砂质砾等粗颗粒物质,分选系数在 2.5 以上,分选很差。高值区呈圆斑状,主要是砾质泥质砂、泥质砂质砾和钙质结核混合区域,分选系数在 3.5 以上,分选更差。日照港和岚山港附近区域,沉积物类型主要是砂质泥和泥等细颗粒物质,分选系数一般在 1 ~ 2 之间,分选性稍好于其他区域。个别以纯净砂为主的站位,如 RZB49,沉积物分选较好(图 8 – 26 中深蓝色圆斑位置)。

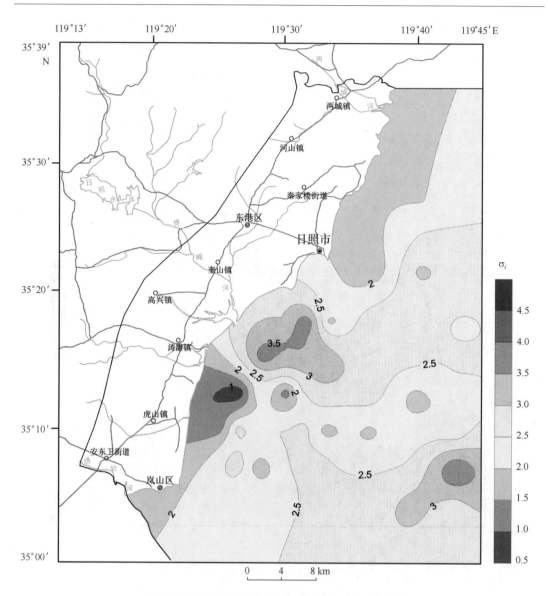

图 8 – 26　研究区海底表层沉积物分选系数平面分布

4）偏态（SK）

偏态（SK）可判别粒度组分分布的对称性，并表明平均值与中位数的相对位置。如为负偏，即平均值将向中位数的较粗方向移动，粒度集中于细端部分；正偏即平均值向中位数的较细方向移动，粒度集中在粗端部分。研究偏态对了解沉积物的成因有一定的作用。一般说，海滩沙多为负偏，而沙丘及风坪沙则多为正偏（董延钰等，2011）。

研究区内偏态变化范围为 – 0.30 ~ 0.76，平均值为 0.28，大部分区域偏态大于 0.1，属于正偏的范畴（表 8 – 3，图 8 – 27）。从偏态平面分布图上可以看出，偏态高值区分布范围较广，从傅疃河河口到研究区中部和东部大片区域，偏态在 0.3 以上，红色斑块都在 0.5 以上，表现出很正偏，表明这些区域主要是粗颗粒物质。而在日照港和岚山港附近，偏态值稍低，大都介于 0.1 ~ 0.3,部分区域在 -0.1 ~ 0.1 之间,表明沉积物粒级分布近于对称(频率曲线为正态分布)。还有小部分区域,偏态低于 -0.1,表现为负偏,表明沉积物粒度偏细。

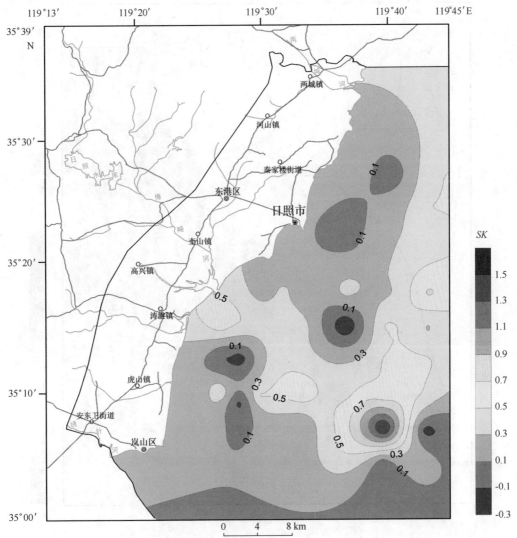

图 8 - 27   研究区海底表层沉积物偏态平面分布

5) 峰态(Kg)

峰态(Kg)是度量粒度分布的中部和尾部展形之比,通俗说,就是衡量分布曲线的峰凸程度。峰态研究是发现双峰曲线的重要线索。如果 Kg 值很低或非常低时,说明该沉积物是未经改造就进入新环境,而新环境对它的改造又不明显,代表几种物质直接混合,其分布曲线可能是宽峰或鞍状分布,或者多峰曲线(黄银洲,2009)。

研究区内峰态值变化于 0.70 ~ 3.64 之间,平均值为 1.36,大部分区域在 1.1 ~ 1.6 之间,粒度频率曲线大致为很尖锐的曲线(表 8 - 3,图 8 - 28)。高值区主要集中在傅疃河河口及向海延伸的区域。而在日照港和岚山港附近的细粒区,峰态值一般小于 1.0,粒度频率曲线大致呈正态分布。

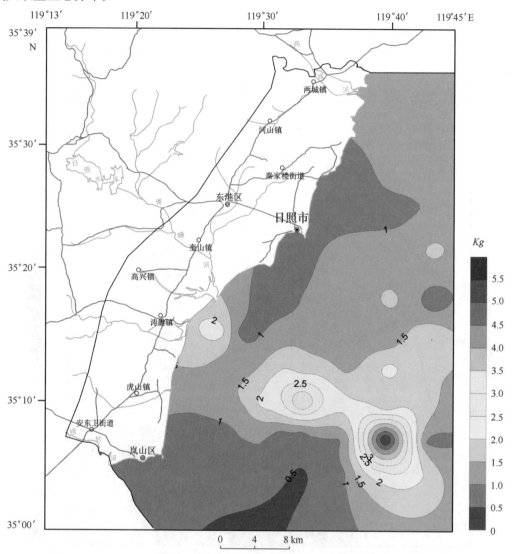

图 8 - 28　研究区海底表层沉积物峰态平面分布

8.3　海底表层沉积物元素地球化学特征

地球化学元素在沉积物中的迁移、分散和富集,对沉积作用的变化可以起到指示剂的作用。元素丰度是地球化学最基本的数据,是定量研究地球化学一系列问题的基础资料和科学依据,是表明元素富集或分散的重要尺度,可以显示许多与地质作用有关的信息。本节从元素地球化学角度出发,对日照近岸海底表层沉积物常量元素、微量元素和稀土元素地球化学行为进行分析和探讨。

8.3.1 常量元素丰度变化规律

常量元素构成了沉积物的主要化学成分,它表征着沉积物的化学组成,其含量变化主要受主矿物控制,同时也反映物质来源和沉积作用(韩德亮,2001;齐红艳,2008)。我们对日照近岸的 50 个样品进行了常量元素 Na、Mg、Al、P、K、Ca、Mn、Ti 和 Fe 的分析测试。表 8 – 4 为常量元素的含量变化、含量平均值、元素标准偏差和变异系数。变异系数(元素含量标准偏差与平均值的比率)是数据离散程度的直接反映。

Al_2O_3 平均含量为 11.43%,变化范围为 6.79% ~ 15.86%;CaO 和 TFe_2O_3 的平均含量分别为 3.82% 和 3.79%,但 CaO 的丰度变化范围大,最小值为 0.72%,最大值为 23.76%,变异系数高达 107.38%;Na_2O、MgO、K_2O、TiO_2 和 MnO 的平均含量依次为 2.64%、1.20%、3.27%、0.44% 和 0.17%,其中 MnO 的变化范围也较大,含量在 0.05% ~ 0.73% 之间,变异系数达到 80.61%;P_2O_5 的含量最低,平均含量仅为 0.10%,变化范围介于 0.05% ~ 0.23% 之间。大部分常量元素丰度变化较大,变异系数为 15.80% ~ 107.38%。其中 MgO、P_2O_5、CaO、TiO_2、MnO 和 TFe_2O_3 变异系数超过 30%,Na_2O、Al_2O_3 和 K_2O 的变异系数相对较小,在 15% ~ 20% 之间(表 8 – 4)。

表 8 – 4 研究区海底表层沉积物常量元素含量统计

元素	样品数(个)	最小值(%)	最大值(%)	平均值(%)	标准偏差(%)	变异系数(%)
Na_2O	50	1.61	3.62	2.64	0.45	17.22
MgO	50	0.33	2.64	1.20	0.57	48.00
Al_2O_3	50	6.79	15.86	11.43	1.81	15.80
P_2O_5	50	0.05	0.23	0.10	0.03	31.77
K_2O	50	1.57	4.38	3.27	0.58	17.65
CaO	50	0.72	23.76	3.82	4.10	107.38
TiO_2	50	0.18	0.86	0.44	0.15	34.52
MnO	50	0.05	0.73	0.17	0.14	80.61
TFe_2O_3	50	1.27	7.74	3.79	1.29	34.14

为了研究常量元素在空间上的变化规律,我们绘制了常量元素丰度的平面分布图(图 8 – 29 至图 8 – 37),下面就它们的变化趋势做详细论述。

研究区 TiO_2、Al_2O_3、MgO 和 TFe_2O_3 具有相同的变化趋势,其含量都随粒度的变化呈现出明显的规律性,即明显受到沉积物底质类型的控制,反映出它们在沉积物形成过程中具有相近的迁移、富集规律(图 8 – 29 至图 8 – 32)。

高值区主要位于日照港东北部和岚山港东部近岸细粒沉积物区。低值区主要分布于研究区砂、砂质泥、泥质砂、砾质泥质砂和泥质砂质砾等粗粒物质覆盖的大部分区域,即傅疃河河口南部近岸及研究区的东部。它们四者的含量分布与平均粒径具有较好的正相关性,明显地遵循"元素粒度控制规律"。四者的百分含量都随着沉积物平均粒径 φ 值的增大,含量逐渐增加,反映出它们主要富集在较细的粉砂、黏土粒级组分中,黏土矿物是 Fe_2O_3、Al_2O_3、

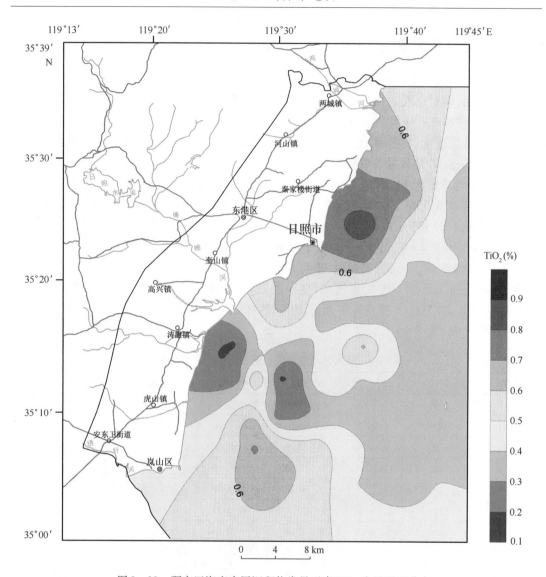

图 8-29 研究区海底表层沉积物常量元素 TiO_2 含量平面分布

MgO 最重要的载体。

K_2O 则表现出和 Al_2O_3 相异的分布趋势(图 8-33),K_2O 的高值区主要位于傅疃河口三角洲地区,含量都在 3.5% 以上,河口南部近岸区域含量高达 4% 以上。低值区分布在日照港北部近岸区域和研究区的东南部,含量在 3% 以下。K_2O 的分布明显可能受钾长石、伊利石以及云母含量的影响,反映沉积物源区的特征。

Na_2O 百分含量平面分布特征与 TiO_2、TFe_2O_3、Al_2O_3 和 MgO 的分布特征比较一致(图 8-34)。其高值区主要分布在研究区北部、东部和西南部,以砂质泥和泥等细颗粒沉积物类型为主的区域,百分含量在 2.6% 以上。低值区主要分布在傅疃河口和研究区东南部海域。Na_2O 的分布趋势与平均粒径呈正相关性,其百分含量随着平均粒径 φ 值的逐渐增大,含量逐渐递增,也明显地遵循"元素粒度控制规律"。

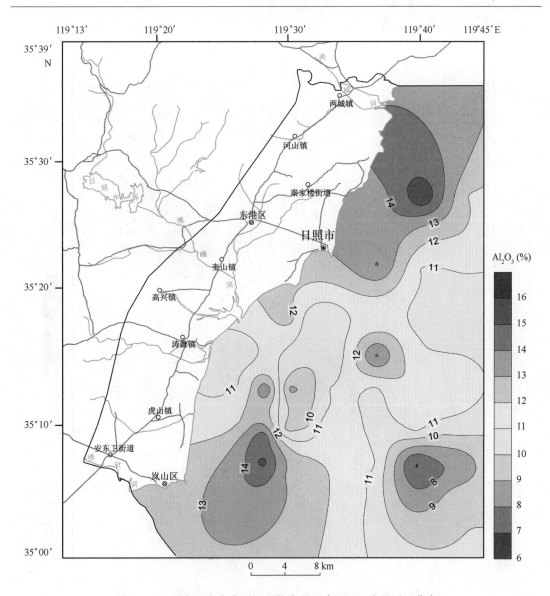

图 8 – 30　研究区海底表层沉积物常量元素 Al_2O_3 含量平面分布

　　CaO 的含量高值区主要分布在研究区东南部(站位 RZ08、RZ09、RZ10 和 RZ11),其含量在 12% 以上,最高含量接近 24%。其他区域 CaO 含量普遍较低(图 8 – 35)。这种分布特点是由于研究区东南部沉积物中含有大量钙质结核砾石和贝壳碎片造成的(图 8 – 2),因为 CaO 主要存在于方解石、文石、白云石、钙质砂岩残留结核、自生钙质结核及多种生物遗体贝壳中。总体来看,CaO 受粒度影响不明显,其百分含量平面分布特征主要受物质来源和钙质结核以及贝壳碎片的影响。

　　研究区 MnO 的变化范围较大(图 8 – 36),含量在 0.05% ~ 0.73% 之间,变异系数达到80.61%。从研究区 MnO 的含量平面分布图上可以看出,其分布趋势与 CaO 的分布趋势比较一致,高值区主要呈圆斑状分布在研究区的东部和东南部,含量在 0.4% 以上,在东南部最

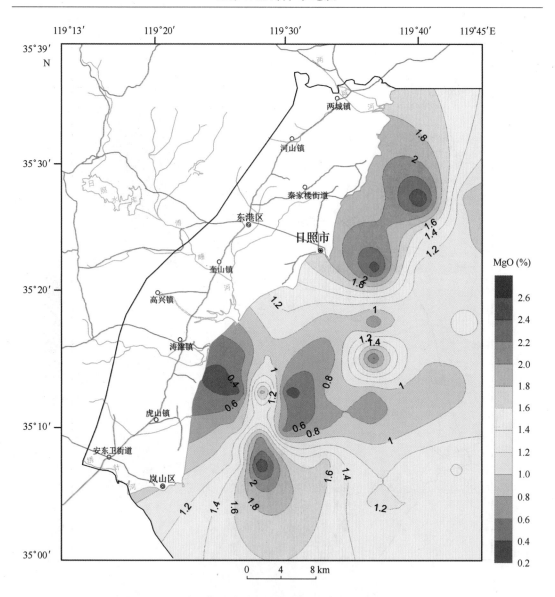

图 8-31　研究区海底表层沉积物常量元素 MgO 含量平面分布

高可达 0.7%。可能与该区域含有砾石结核和生物贝壳碎屑有关。其他区域，MnO 含量普遍较低。尤其沿日照港南部到岚山港近岸区域，MnO 含量在 0.1% 以下。

MnO 总体分布基本不受沉积物类型的制约，与平均粒径亦无明显的线性关系。Mn 是典型的变价元素，其中以 Mn^{2+} 和 Mn^{4+} 最为重要，Mn 价态的变化受 pH 及 Eh 支配。Mn 除了部分来自陆源外，还受自生作用和生物作用的影响，Mn 的高含量一般出现在氧化条件下、水动力活跃、生物活动频繁的环境中。Mn 的含量分布容易受到氧化还原作用的影响，Mn 在氧化条件下，可以发生成岩作用，形成细小的 Mn 氧化物；而在有机质分解的低值氧化条件下，Mn 的氧化物可以被成岩作用稀释掉。

研究区 P_2O_5 含量最低，平均含量仅为 0.10%，变化范围介于 0.05%~0.23% 之间（图

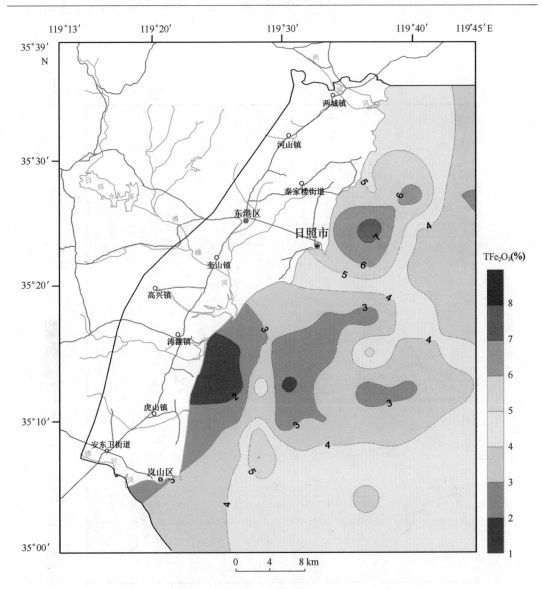

图 8 – 32　研究区海底表层沉积物常量元素 TFe_2O_3 含量平面分布

8 – 37）。从 P_2O_5 含量平面分布图上可以明显看出，除研究区东南部含量略高外，其他区域普遍较低。P 是生物骨骼的主要组分，属于"亲生物元素"，其分布与钙质生物含量高低有一定的关系，研究区东南部略高含量的出现可能与此区生物碎片大量富集有关。

8.3.2　微量元素丰度变化规律

　　按照习惯，我们把微量元素定义为含量低于 0.1% 的元素，即低于 1 000 μg/g 的元素。微量元素因其相对常量元素具有较好的稳定性而成为探讨环境变化和物质来源的重要手段之一，不同的元素及其组合（比值）特征反映了不同的沉积环境，是地质事件内在成因和环境信息的综合体现和良好标志（金秉福等，2003；肖尚斌等，2005）。

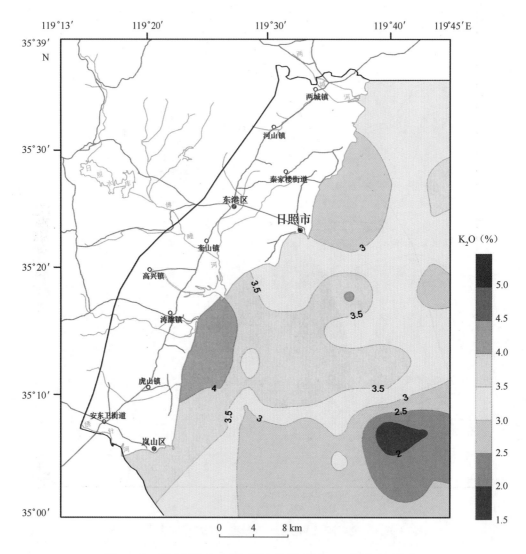

图 8-33 研究区海底表层沉积物常量元素 K$_2$O 含量平面分布

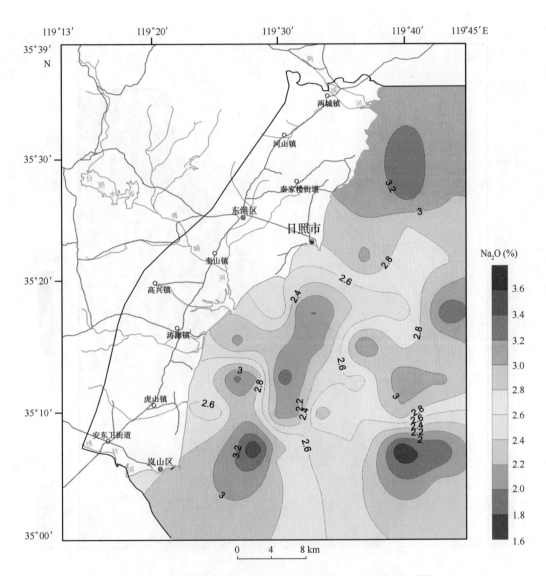

图 8-34　研究区海底表层沉积物常量元素 Na₂O 含量平面分布

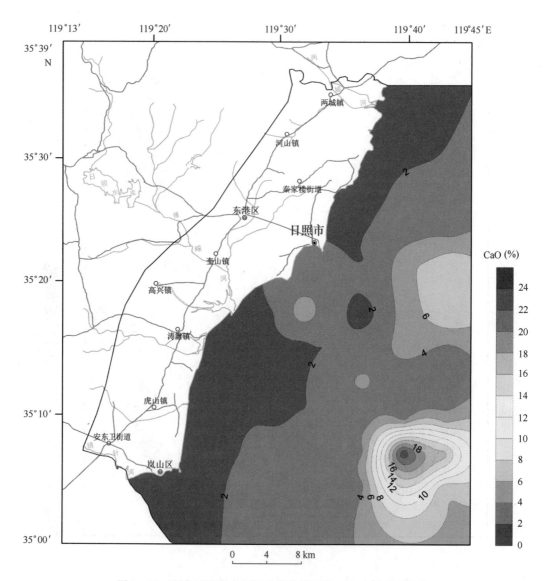

图 8-35　研究区海底表层沉积物常量元素 CaO 含量平面分布

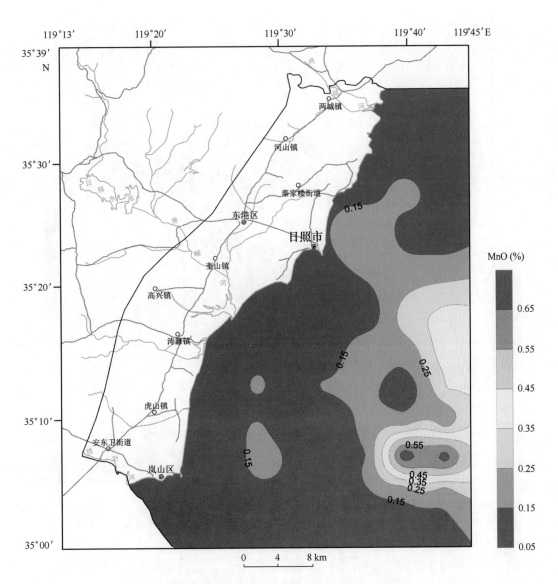

图 8 - 36 研究区海底表层沉积物微量元素 MnO 含量平面分布

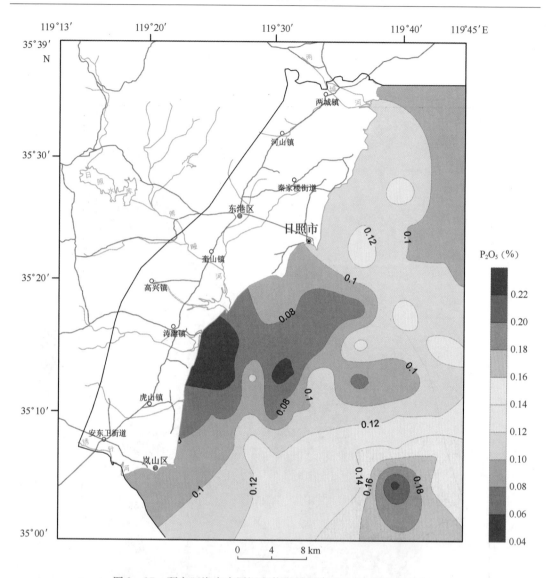

图 8 - 37 研究区海底表层沉积物微量元素 P_2O_5 含量平面分布

研究区沉积物中微量元素 Ba 的平均含量最高,平均含量为 947.52 μg/g;其次是 Sr,平均含量为 236.44 μg/g;Li、V、Rb、Ga、Co、Th 和 Sc 的平均含量分别为 25.46 μg/g、59.68 μg/g、98.48 μg/g、13.84 μg/g、11.11 μg/g、9.05 μg/g 和 7.27 μg/g;Se、Sb、Bi、Be、W、Mo、U 等几种微量元素的平均含量非常低,低于 2 μg/g。研究区微量元素的变异系数在 14.95% ~ 66.33% 之间。微量元素 Rb 和 Sr 的变异系数分别为 14.95% 和 19.54%,其他元素变异系数均在 20% 以上。特别是 Sb、Bi、Li、Sc、Co、Ni 和 Mo 等几个微量元素的变异系数都在 40% 以上(表 8 - 5)。

表8-5　研究区(海域)表层沉积物中微量元素的含量统计

元素	样品数(个)	最小值(μg/g)	最大值(μg/g)	平均值(μg/g)	标准偏差(μg/g)	变异系数(%)
Se	50	0.06	0.24	0.11	0.04	38.84
Sb	50	0.21	1.73	0.72	0.34	47.54
Bi	50	0.08	0.52	0.26	0.11	40.44
Li	50	8.01	60.50	25.46	13.50	53.02
Be	50	0.96	2.79	1.75	0.39	22.22
Sc	50	2.11	15.75	7.27	3.41	46.88
V	50	20.97	107.00	59.68	20.05	33.60
Co	50	3.53	20.67	10.11	4.09	40.50
Ni	50	7.00	43.16	20.75	9.11	43.88
Ga	50	8.55	21.71	13.84	3.07	22.20
Rb	50	54.72	131.00	98.48	14.72	14.95
Sr	50	134.61	358.23	236.44	46.20	19.54
Ba	50	494.87	1 527.75	947.52	283.81	29.95
W	50	0.47	2.42	1.30	0.45	34.55
Mo	50	0.41	2.96	0.77	0.51	66.33
Th	50	3.97	17.54	9.05	3.24	35.80
U	50	0.56	2.31	1.46	0.42	28.99

　　为了研究微量元素在空间上的变化规律,我们绘制了 Rb、Li、Sr、Ba、V、Co、Ni 等微量元素的含量等值线图(图8-38至图8-42),它们具有以下的平面变化特征。

　　Rb 与 Li 都是典型亲石的碱金属元素,Rb 在研究区的含量变化范围介于 54.72~131.0 μg/g,平均含量为 98.48 μg/g,变异系数为 14.95%;Li 的变化范围是 8.01~60.50 μg/g,平均含量是 25.46 μg/g,变异系数高达 53.02%。

　　二者在研究区具有相似的平面分布趋势,与沉积物类型密切相关(图8-38、图8-39),二者的高值区主要分布在粉砂和黏土粒级占优势的日照港东北部及岚山港东部近岸细粒物质沉积区,但 Rb 高值区范围要比 Li 的大。低值区主要位于砂、泥质砂、泥质砂质砾和砾质泥质砂等粗粒物质覆盖的区域,即奎山角以南的近岸区域以及研究区的东南区域。

　　Sr 在研究区的含量最小值是 134.61 μg/g,最大值为 358.23 μg/g,平均值是 236.44 μg/g(图8-40)。微量元素 Sr 高值区分布在研究区东部和东南部,其含量主要介于 250~350 μg/g 之间。尤其在东南部几个站位,其含量在 350 μg/g 以上,呈圆斑状分布。Sr 往往被归类为亲钙质生物元素,视为非陆源沉积的标志,圆斑状高值区的出现可能与该区域生物贝壳碎片或钙质结核大量富集有关。

　　Ba 与 Sr 同属碱土金属元素,但分布特征却有较大差别(图8-41)。Ba 的半径近 K 而远离 Ca,所以只有少量 Ba 进入含钙矿物中,因此海洋钙质生物对 Ba 几乎没有贡献,而大部分 Ba 进入含钾矿物如钾长石、黑云母中。Ba 的含量分布特征基本不受沉积物粒度的控制,其含量的变化主要受钾长石以及云母等矿物的影响。从全区来看,Ba 的含量较高,变化范

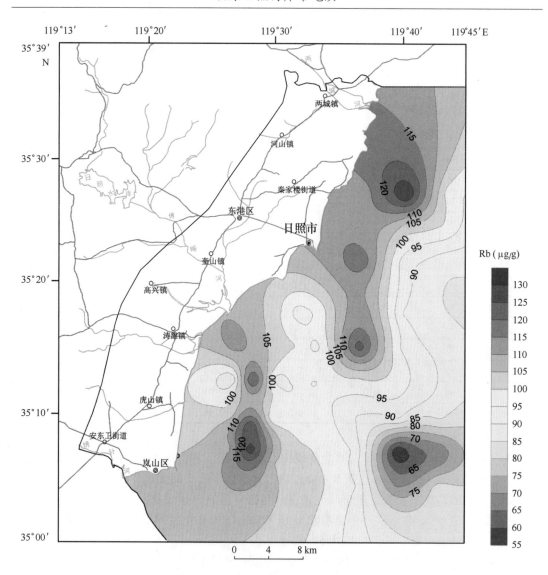

图 8 - 38　研究区海底表层沉积物微量元素 Rb 含量平面分布

围是 494. 87 ~ 1 527. 75 μg/g,平均值为 947. 52 μg/g,变异系数为 29. 95% 。Ba 含量的高值区主要分布在傅疃河河口以及向海延伸的区域,含量在 1 000 ~ 1 500 μg/g 之间;而研究区的北部和南部含量明显降低。日照陆域和沿岸广泛分布的花岗岩经风化、剥蚀并由傅疃河搬运到河口沉积,含有较高含量的钾长石和云母等矿物,可能导致了该区域 Ba 的含量较高。

　　V、Co、Ni 同属于铁族元素,从 V、Co、Ni 含量平面分布图上可以明显地看出,它们三者具有相同的变化趋势(图 8 - 42 至图 8 - 44)。V 的含量介于 20. 97 ~ 107. 00 μg/g,平均含量为 59. 68 μg/g;Co 的变化范围是 3. 53 ~ 20. 67 μg/g,含量较低,平均值仅有 10. 11 μg/g;Ni 的含量介于 7. 00 ~ 43. 16 μg/g,平均值是 20. 75 μg/g。它们的平面分布趋势同常量元素 Fe 极为相似,在日照港北部沿岸以及岚山港东部近岸细粒沉积物区含量最高,而在傅疃河河口以及向海延伸的广大区域含量明显降低,这一区域主要是砂、泥质砂和砾质泥质砂等粗粒沉积

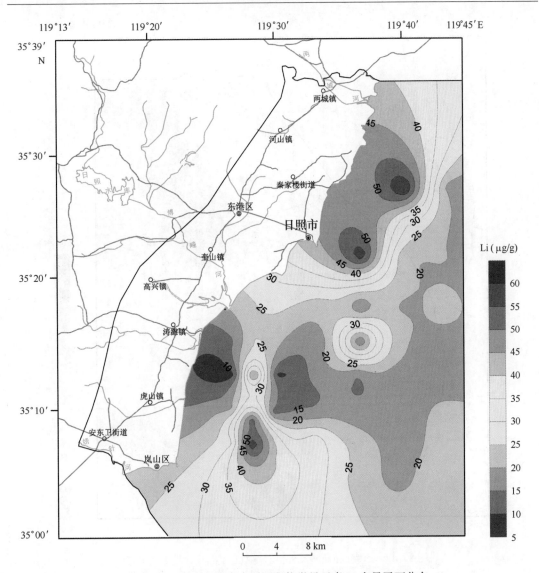

图 8 - 39   研究区海底表层沉积物微量元素 Li 含量平面分布

物类型。整体上铁族元素含量分布明显受平均粒径的制约,其含量分布均随沉积物平均粒径的变小而升高,明显地遵循"元素粒度控制规律"。值得注意的是,在研究区东南部钙质结核较多的几个站位,这三种元素也呈现了高值,它们之间的相关性还有待于进一步的分析和研究。

8.3.3   常、微量元素相关性分析

海洋沉积物中元素的含量分布特征受粒度控制,不同粒级沉积物由于其矿物组成、表面特征以及结构的不同,导致元素在其中的含量各异。这一"元素粒度控制规律"最早由赵一阳(1994)提出,近年来已被越来越多的学者所证实。赵一阳由此提出 3 种模式:①大多数元

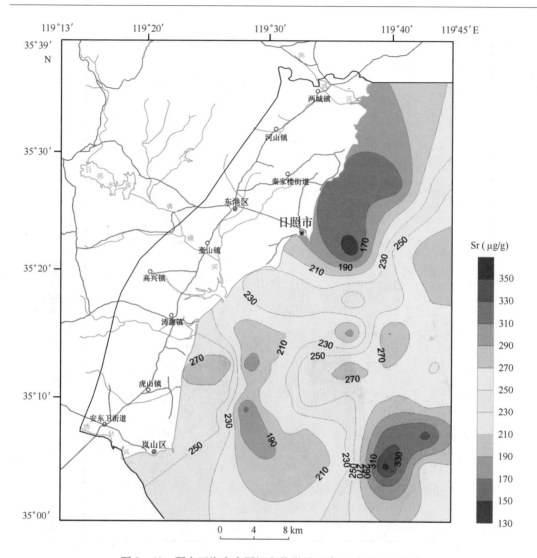

图 8-40　研究区海底表层沉积物微量元素 Sr 含量平面分布

素的含量随沉积物粒度变细而升高;②一些元素的含量随沉积物粒度变细而降低;③个别元素的含量随沉积物粒度变细先升后降,在中等粒度的粉砂中出现极大值。

常量元素 TiO_2、Al_2O_3、MgO、TFe_2O_3、Na_2O 与平均粒径呈明显的正相关性(图 8-45),相关系数分别为 0.87、0.85、0.83、0.77、0.66,它们的百分含量都随着平均粒径 Mz 的 ϕ 值的增大而增加,明显遵循"元素粒度控制规律"。从前面的百分含量平面分布图上,也能够清楚地看出,它们主要富集在近岸细粒沉积物区,明显在黏土中富集,而在粗粒沉积物区,其含量都明显降低。CaO、K_2O、MnO 与平均粒径线性关系不明显,CaO 的含量分布主要受碳酸盐碎屑影响,K_2O 的分布主要受钾长石、伊利石以及云母含量影响,MnO 的分布主要受氧化还原条件的影响。P_2O_5 含量与平均粒径呈弱相关,主要与生物因素有关。

大多数微量元素含量与平均粒径具有很好的线性关系,Li、U、V、Th、Ni 与平均粒径相关性非常明显,相关系数都在 0.75 以上。百分含量都随着平均粒径 Mz 的 ϕ 值的增大而增加,

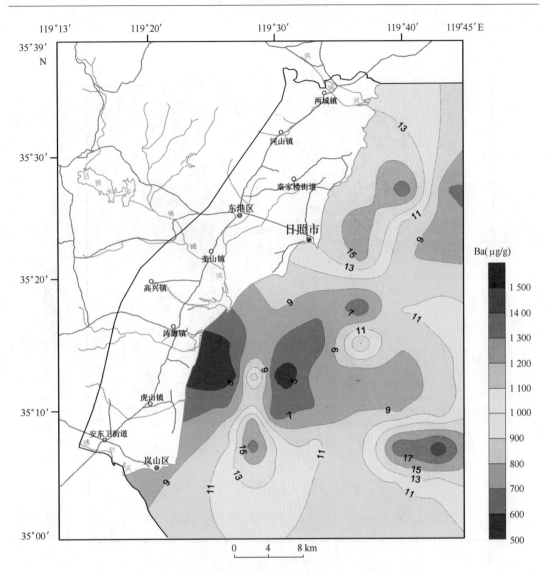

图 8 – 41 研究区海底表层沉积物微量元素 Ba 含量平面分布

遵循"元素粒度控制规律"(图 8 – 46)。从前面的微量元素百分含量平面分布图上,也能够清楚地看出,它们主要富集在近岸细粒沉积物区,而在砂、泥质砂、砾质泥质砂等粗粒沉积物覆盖的区域,其含量明显降低。Co 和 Rb 与平均粒径的相关系数分别为 0. 57 和 0. 64,呈弱的正相关。元素 Sr 和 Ba 与平均粒径呈弱的负相关,相关系数分别为 – 0. 62 和 – 0. 64,Sr 明显受碳酸盐碎屑的影响,而 Ba 的含量分布明显受到钾长石以及云母等矿物影响。

8. 3. 4 稀土元素地球化学特征

微量元素中的稀土元素在表生环境中非常稳定,具有极其相似的化学性质和低溶解度,沉积物中稀土元素的组成及分布模式主要取决于源岩,而受风化剥蚀、搬运、水动力、沉积、

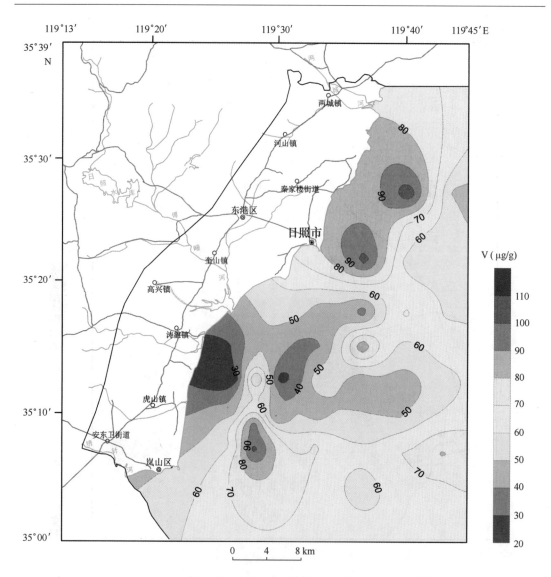

图 8 - 42　研究区海底表层沉积物微量元素 V 含量平面分布

成岩影响小,不易迁移,而且产生的元素分馏小。因此,海底沉积物稀土元素的丰度、标准化曲线和一些重要的稀土元素参数对于探讨沉积物的形成条件和物质来源具有重要意义(王中刚,1989;李双林等,2001;蓝先洪等,2009)。

　　稀土元素中的 Pm 在自然界不作为稳定元素出现,所以通常研究的稀土元素是从 La 到 Lu 不包括 Pm 而包括 Y 的 15 个元素。稀土元素分为轻稀土元素(LREE)和重稀土元素(HREE),前者由 La 到 Eu,后者由 Gd 到 Lu。因 Y 与重稀土元素更相似,故通常把其归入重稀土元素。此外,稀土元素又常分为铈族稀土元素($\sum$Ce)和钇族稀土元素($\sum$Y),前者即相当于轻稀土元素($\sum$Ce≈LREE),后者相当于重稀土元素($\sum$Y≈HREE)。本文分析测试的稀土元素为从 La 到 Lu 不包括 Pm 而包括 Y 共 15 个元素。

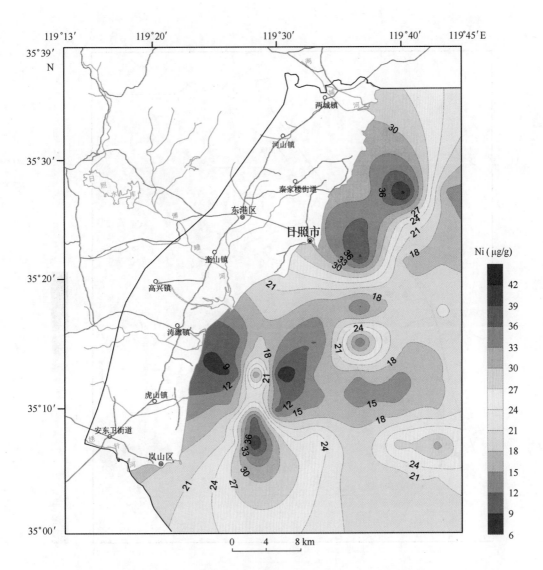

图 8 - 43 研究区海底表层沉积物微量元素 Ni 含量平面分布

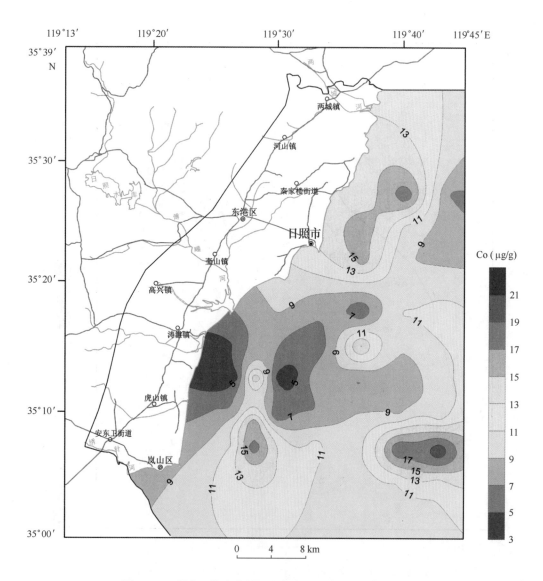

图 8 – 44　研究区海底表层沉积物微量元素 Co 含量平面分布

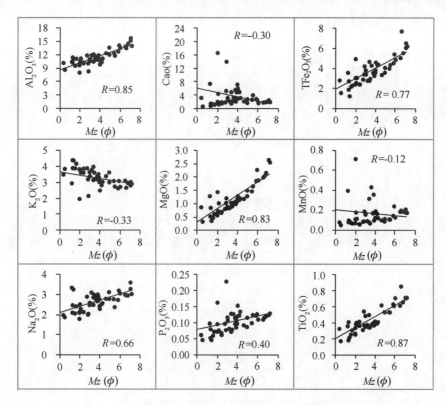

图 8-45　研究区海底沉积物常量元素含量与平均粒径的线性关系

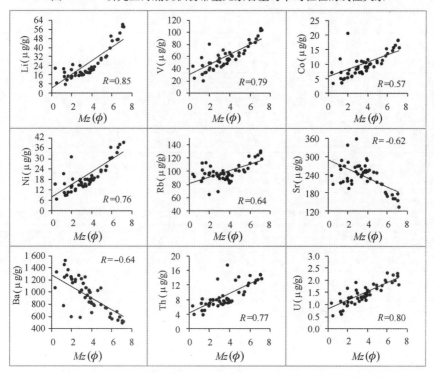

图 8-46　研究区海底沉积物微量元素含量与平均粒径的线性关系

8.3.4.1　稀土元素含量特征

我们对研究区 50 个站位的表层沉积物样品进行了稀土元素分析测试,稀土元素含量如表 8-6 所示。稀土元素的各个参数、轻重稀土元素分异度、铈异常以及铕异常都非常接近,基本不受底质类型影响,其变化特征可能主要受控于物源的影响,因此可以运用这些参数进行研究区的物源识别。

表 8-6　研究区海底表层沉积物稀土元素含量统计

元素	最小值(μg/g)	最大值(μg/g)	平均值(μg/g)	标准偏差(μg/g)	变异系数(%)
La	21.21	58.76	33.29	7.82	23.49
Ce	40.70	108.90	65.63	15.52	23.64
Pr	4.81	12.01	7.81	1.73	22.22
Nd	17.70	45.61	29.26	6.31	21.55
Sm	2.98	8.00	5.18	1.07	20.69
Eu	0.72	1.59	1.10	0.18	16.57
Gd	2.58	6.70	4.51	0.90	19.90
Tb	0.37	0.97	0.68	0.13	19.69
Dy	2.02	5.32	3.84	0.77	20.00
Ho	0.40	1.04	0.78	0.16	20.34
Er	1.13	2.92	2.16	0.45	20.84
Tm	0.17	0.46	0.34	0.07	21.14
Yb	1.07	2.89	2.12	0.45	21.23
Lu	0.16	0.45	0.33	0.07	21.83
Y	11.13	29.04	21.40	4.44	20.76
LREE	89.05	229.05	142.27	32.19	22.63
HREE	19.03	49.45	36.16	7.37	20.37
∑REE	108.08	271.22	178.43	38.63	21.65
LREE/HREE	2.94	5.43	3.95	0.46	11.55
δEu(CN)	0.63	0.80	0.71	0.04	5.16
δCe(CN)	0.76	1.00	0.95	0.03	3.63
δEu(UCC)	0.96	1.22	1.08	0.06	5.16
δCe(UCC)	0.74	0.98	0.93	0.03	3.63
δEu(NASC)	0.89	1.14	1.01	0.05	5.16
δCe(NASC)	0.71	0.93	0.89	0.03	3.63
(La/Yb)Ucc	0.83	1.79	1.16	0.17	14.60
(Gd/Yb)Ucc	1.00	1.61	1.24	0.11	9.10
(La/Yb)CN	7.45	16.09	10.45	1.53	14.60
(Gd/Yb)CN	1.39	2.23	1.72	0.16	9.10
(La/Yb)NASC	1.09	2.36	1.53	0.22	14.60
(Gd/Yb)NASC	1.03	1.65	1.27	0.12	9.10

研究区沉积物中轻稀土元素含量(LREE)明显高于重稀土元素含量(HREE),La/Yb 比值在 0.83 ~ 1.79 之间,平均值为 1.16,LREE/HREE 比值在 2.94 ~ 5.43 之间,平均值为 3.95,表明了轻稀土元素对稀土总量的贡献远高于重稀土元素。轻稀土元素(LREE)的富集被认为是陆源碎屑的标志(Yashitaka,1992),反映了研究区沉积物的陆源特征。

8.3.4.2 稀土元素平面变化规律

从 ΣREE 含量等值线图(图 8 - 47)以及底质类型图(图 8 - 2),我们可以直观地看出, ΣREE 含量的分布特征与沉积物粒度具有很好的相关性,其含量分布特征明显受沉积物底质类型的影响。在日照港南北两侧近岸区域和岚山港东部近岸细粒沉积物区,ΣREE 含量较高,在 200 μg/g 以上,局部高达 270 μg/g,呈现圆斑状。在研究区中东部和南部,底质主要为砂、泥质砂、砾质泥质砂和泥质砂质砾等粗颗粒的区域,ΣREE 含量较低,一般在 180 μg/g 以下,靠近傅疃河河口以及略向海延伸的区域含量更低,呈圆斑状分布。粗粒物质稀

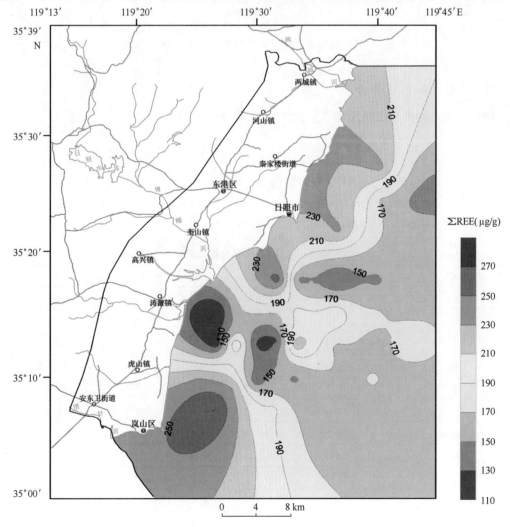

图 8 - 47　研究区海底表层沉积物中 ΣREE 含量平面分布

土元素含量低主要是由于石英和生物质的稀释作用所造成的(文启忠等,1984)。石英颗粒中几乎不含稀土元素,浅海沉积物内生物壳体中的稀土含量甚微,生物壳体中稀土总量平均值也仅为 10.9 μg/g(赵一阳等,1994)。ΣREE 含量的上述分布特征,明显遵循"元素粒度控制规律"。我们从稀土元素含量与平均粒径的线性关系(图 8-48)也可以看出,它们二者具有一定的线性相关性,相关系数为 0.61。

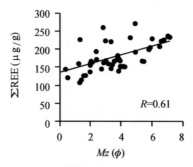

图 8-48　研究区海底稀土元素与平均粒径的线性关系

8.3.4.3　δCe 和 δEu 异常

δEu 和 δCe 异常是反映环境的重要参数(王中刚,1989)。

$$\delta Eu = \frac{Eu_N}{\sqrt{Sm_N Gd_N}} ; \qquad \delta Ce = \frac{Ce_N}{\sqrt{La_N Pr_N}}$$

式中,Eu_N、Sm_N、Gd_N、Ce_N、La_N、Pr_N 为标准化值。球粒陨石(CN)、上陆壳(UCC)及北美页岩(NASC)标准化数值见表 8-7。通常,δEu > 1.05 为正异常,δEu < 0.95 为负异常;δCe > 1.05 为正异常,δCe < 0.95 为负异常。

表 8-7　REE 标准化的数据

REE	球粒陨石标准	UCC	NASC
La	0.315	30	32
Ce	0.813	64	73
Pr	0.115	7.1	7.9
Nd	0.597	26	33
Sm	0.192	4.5	5.7
Eu	0.072 2	0.88	1.24
Gd	0.259	3.8	5.21
Tb	0.047 3	0.64	0.85
Dy	0.325	3.5	5.8
Ho	0.072 3	0.8	1.04
Er	0.213	2.3	3.4

REE	球粒陨石标准	UCC	NASC
Tm	0.033 3	0.33	0.5
Yb	0.208	2.2	3.1
Lu	0.032 3	0.32	0.48
资料来源	Masuda,1973	Taylor et al,1985	Gromet et al. ,1984

Eu 异常能够反映沉积物的分异程度,球粒陨石(CN)标准化后的样品 δEu 值在 0.63 ~ 0.80 之间,平均值 0.71,变化范围较小,显示出明显的 Eu 负异常,表明相对于球粒陨石,沉积物已经产生明显的分异,分异程度接近大陆地壳,进而反映了沉积物源区的大陆地壳性质。经上陆壳(UCC)标准化情况下计算的样品 δEu 值在 0.96 ~ 1.22 之间,平均值为 1.08,基本不显示 Eu 异常,表明相对于上陆壳物质,表层沉积物没有发生明显分异。经北美页岩(NASC)标准化后计算的 δEu 值在 0.89 ~ 1.14 之间,平均值为 1.01,基本不显示 Eu 异常,表明相对于北美页岩表层沉积物也没有发生明显分异。

球粒陨石标准化后的样品 δCe 值在 0.76 ~ 1.00 之间,平均值为 0.95,没有明显的 Ce 异常。经上陆壳(UCC)标准化后计算得出 δCe 值在 0.74 ~ 0.98 之间,平均值为 0.93,也没有明显的 Ce 异常。在北美页岩(NASC)标准化情况下计算的样品 δCe 值在 0.71 ~ 0.93 之间,平均值为 0.89,显示微弱的 Ce 负异常。Ce 异常一般在两种情况下产生:一种产生在弱酸性条件下的岩石风化过程中,由于 Ce^{4+} 极易水解而形成沉淀,使淋出液贫 Ce,产生 Ce 异常;另一种产生在海洋沉积过程中,在海水中由于 Ce 的滞留时间较其他稀土元素短得多,而且在海水的 pH – Eh 条件下,Ce^{3+} 被氧化成 Ce^{4+},以 CeO_2 形式沉淀,由此造成海水中 Ce 强烈亏损,而沉积物中却表现为 Ce 的正异常(李双林等,2001)。根据球粒陨石(CN)、上陆壳(UCC)和北美页岩(NASC)标准化给出的 δCe 值变化范围都不大,没有明显的 Ce 异常,说明无论在源区岩石风化过程中,还是在近岸沉积过程中均不具备形成 Ce 异常的条件。

8.3.4.4　稀土元素配分曲线

沉积物中稀土元素地球化学研究是近年来的研究热点,通过大量的研究建立了沉积物的稀土分布模式,并用之判断物源和恢复环境。目前对沉积物稀土元素配分模式的研究主要是以球粒陨石为标准进行标准化,由于球粒陨石已被认为是地球的原始物质,因此球粒陨石标准化能够反映样品相对地球原始物质的分异程度,揭示沉积物源区特征(李双林等,2001)。

球粒陨石标准化数据采用 Masuda 等(1973)提出的 6 个球粒陨石平均值(表 8 – 7),该数据是采用质谱同位素稀释法测定的,灵敏度高,数据更加准确,实验方法与本次稀土元素分析测试所用的等离子质谱法(ICP – MS)相近。为对比不同区域的稀土元素配分模式,我们利用 SPSS 软件对 50 个样品进行了聚类分析,选择了一些代表性的站位,对它们的稀土元素进行了球粒陨石标准化,其配分曲线如图 8 – 49 所示。

从稀土元素球粒陨石标准化配分曲线的形态来看(图 8 – 49),研究区海底不同站位的沉积物中稀土元素含量虽有差异,但分布模式基本一致,表现为配分曲线均为右倾的负斜率模式,相对富集轻稀土元素,表现出陆壳稀土元素的典型特征。$(La/Yb)_{CN}$ 值均较大,在 7.45 ~ 16.09 之间,平均值为 10.45,$(Gd/Yb)_{CN}$ 值介于 1.39 ~ 2.23,平均值为 1.72。曲线为 右倾斜,La – Eu 曲线较陡,Eu – Lu 曲线较平缓,在 Eu 处呈"V"形,显示中等程度的 Eu 负异 常。此外站位 RZB11 在 Ce 处与其他站位不同,呈斜"V"形,说明具有明显的 Ce 负异常。

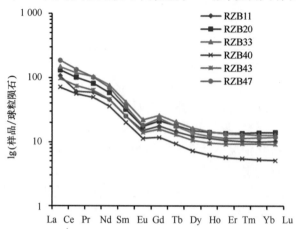

图 8 – 49　研究区海底表层沉积物代表性站位稀土元素球粒陨石标准化曲线

9 近岸海域浅地层结构

9.1 浅地层剖面调查

日照近岸海域浅部地层结构的调查研究工作未见前人文献报道。在日照港和岚山港的建设中开展了局部的工程地质勘查工作,但调查区域仅限于港区,范围小,未有公开的文献报道。

2012 年 10 月青岛海洋地质研究所在日照近海完成了 466.9 km 的高分辨率浅地层剖面测量(图 9 - 1)。由于调查区近岸海域水深较小,以及有大量的筏式和网箱养殖区影响,浅剖测量工作难以开展,因此调查测线主要部署在水深 10 m 以外的海域。对采集的地震剖面进行了处理和解释,并与邻近海域调查资料对比,进行主要地震地层界面的追踪和对比,开

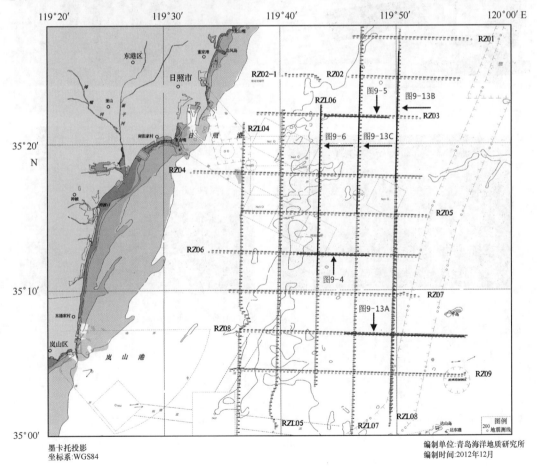

图 9 - 1 日照近海浅地层剖面测线和典型剖面位置

展研究区浅部地层沉积相分析,揭示浅地层结构和分布情况,对潜在的地质灾害因素进行了分析,绘制了主要地层界面埋深图和地层等厚度图。

浅地层剖面测量使用了英国 Applied Acoustics Engineering 公司的 SBP/AAE 浅剖采集系统(图9-2和图9-3)。考虑到调查区水深较浅,底质以中粗砂、含结核砾石和沙泥混合等粗颗粒沉积物为主,对浅剖的穿透能力有很大的影响,因此调查工作首先进行了现场试验,对声源类型、激发能量和主要采集参数(包括拖体释放长度、震源和水听器间距、发射能量、采样频率、带通滤波参数)、模拟打印参数以及工作船速等进行试验和调试。最后确定的浅剖调查参数为:激发间隔800 ms,激发能量300~500 J,带通滤波250~3000 Hz,震源释放长度40~45 m(距离船尾),换能器间距7.8 m。在浅剖走航同时开展了同步水深测量,通过收集到的研究区潮位数据进行了浅剖和水深的潮汐改正,然后开展地震资料解释和区域对比。

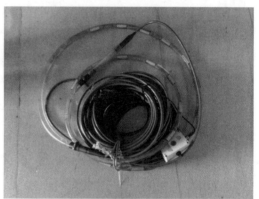

图9-2   SBP/AAE 高分辨率数字浅地层剖面仪系统

9.2   地震相分析

地震相是沉积相在地震剖面上表现的总和,是由沉积环境(如海相或陆相)所形成的地震特征,是沉积体外形、岩层叠置形式及岩性差异在空间组合上的综合反映。根据地震相划分的地震反射单元的地震属性参数与相邻的单元不同,代表产生其反射的沉积物的岩性组合、层理和沉积特征,与地震相单元的外形、地震反射构造和地震反射结构相对应(张海燕,2007)。

数据采集和质量控制　　　　　　　　　　　　测深仪安装

震源收放　　　　　　　　　　　　水听器收放

图 9 – 3　浅剖和同步水深测量施工现场

　　地震相分析就是在划分地震层序的基础上,利用地震参数特征上的差别,将地震层序划分为不同的地震相区,然后做出岩相和沉积环境的推断。用来限定地震相单位的基本参数是那些涉及层系内部反射形态和层系本身的几何外形的有关参数(冯明石,2009;赵忠泉,2010;张明学,2010)。研究区在地震相分析中使用的主要地震反射参数及地质解释如下。

　　(1)反射结构:反映层理类型、沉积作用、剥蚀和古地貌以及流体类型。

　　(2)地震相单元外形和平面组合:不同沉积环境下形成的岩相组合有特定的层理模式和形态模式,导致反射结构和外形的特定组合,从而反映沉积环境、沉积物源和地质背景。

　　(3)反射振幅:反射振幅与波阻抗差有关,反映界面速度—密度差、地层间隔及流体成分和岩性变化。大面积的振幅稳定揭示上覆、下伏地层的良好连续性,反映低能级沉积;振幅快速变化,表示上覆和(或)下伏地层岩性快速变化,是高能环境的反映。

　　(4)同相轴连续性:反映地层的连续性,与沉积作用有关。连续性越好,表明地层越是与相对较低的能量级有关;连续性越差,反映地层横向变化越快,沉积能量越高。

　　(5)层速度:层速度反映岩性、孔隙度、流体成分和地层压力。

　　由于同一地震相参数的变化可以由多种地质作用产生,因此地震相分析具有多解性,一般需要与地震测线上取得的钻孔岩心进行综合对比,才能给出比较明确的地质解释(冯明石,2009)。由于本次工作在研究区未进行地质钻探,为了更好地进行地震资料的分析和解释,收集了青岛海洋地质研究所在研究区邻近海域开展的“长江口以北沙泥质海岸带环境地质调查”项目的浅地层和钻孔资料,与本次调查获得的地震剖面资料进行了连片解释,对主要的地层界限进行了厘定。首先获得调查区骨干剖面揭示的几个主要地层单元,结合地震反射界面的识别标志,然后通过联络剖面,对其他所有测线的地震地层进行对比划分,使全区所有测线上的所有界面闭合。在浅地层剖面的解译过程中,遵循层序地层学的原理。

　　为了计算浅地层剖面上各地震单元的厚度和界面埋深,根据以往的经验与浅地层剖面的对比,海底以下各地震单元采用声波平均速率为1 550 m/s。在对全部浅地层剖面进行系统连片的解释后,以200个炮点的间距(平均间距约500 m)人工量取了所有地震反射界面的双程反射时间,通过以上的声波速率进行相对深度的转换,获得各界面的埋深(低于目前海平面的深度),界面间的地层厚度通过界面相对深度的差值求得。潮位的影响通过收集的潮汐资料进行了潮位改正。

9.3　主要地震反射界面和地震地层序列

　　研究区二次波之上的地震反射剖面(约位于双程反射时间80 ms之内)共显示4个主要声学反射界面,从上到下依次命名为D1、D2、D3和D4反射界面,分别代表不同沉积环境和物质成分的分界面,这些界面在研究区为连续分布或被切削,在全区可追踪。依据这些反射界面将海底地层自上而下划分为U1、U2、U3和U4四个地震地层(图9-4至图9-6)。

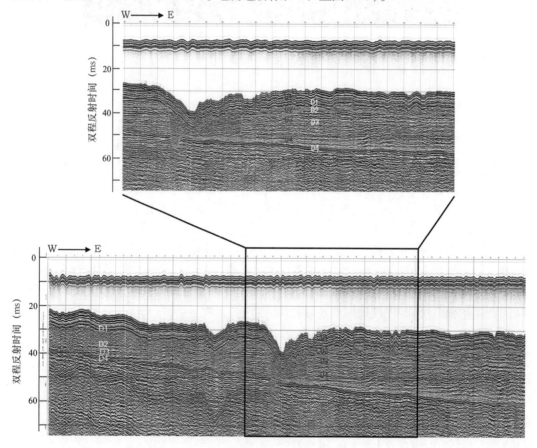

图9-4　日照近海浅地层主要地震地层和界面(RZ06剖面 W-E方向
4800~8800炮点,横向标记线间距约500 m,位置见图9-1)

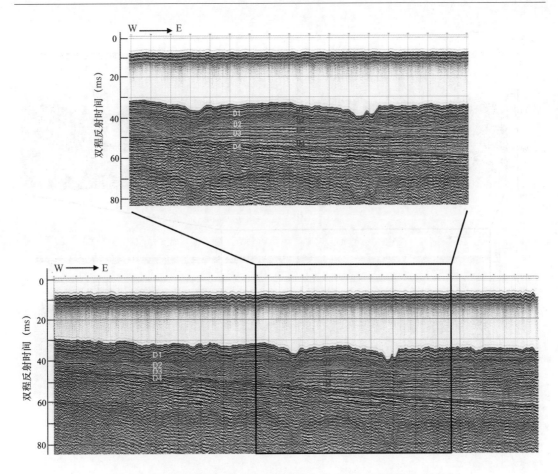

图9-5　日照近海浅地层主要地震地层和界面(RZ03 剖面 W-E 方向
1600~5000 炮点,横向标记线间距约 500 m,位置见图 9-1)

9.3.1　D1 界面和 U1 地层

D1 反射界面是最接近海底的地震反射界面,界面反射强度高,界限清晰、平直,可连续追踪,上超于反射特征杂乱的下伏地层之上。

由于受到海面反射信号产生"鬼波"效应的影响,海底面至 D1 反射界面之间的 U1 地震地层的面貌特征受到很大影响,不是很清晰。有显示的区段,U1 总体上显示为水平状、高振幅的反射层,局部见向岸方向的斜交状反射,为浅海相沉积。U1 层在整个研究区一般很薄,通常在 3~5 m,在水深 20 m 附近的海底侵蚀区该层厚度很小,甚至缺失。U1 厚度较大的区域是岚山港东北的近岸海域,平均地层厚度在 5 m 左右,与该区域受到岬角阻挡,北部沿岸输运来的沉积物淤积有关,也对应于该区较细的表层沉积物特征。研究区中部,U1 地层厚度在 3~4 m,从北往南连成一片,并包裹了零星斑状低于 3 m 的薄层(图 9-7)。

D1 反射界面深度大致与海水等深线平行,范围在 14.3~38.3 m(低于目前海平面),平均值 26.8 m,呈由近岸向深水方向深度依次变大的特征(图 9-8)。D1 反射界面为冰后期

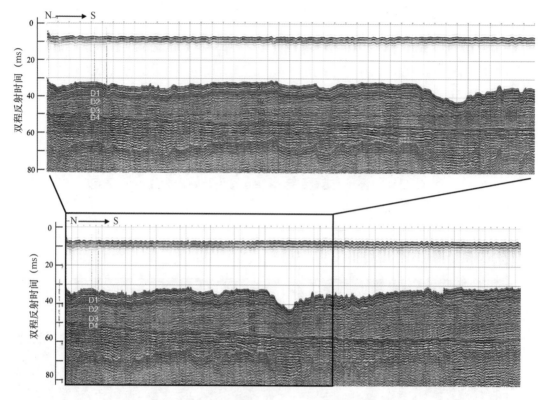

图 9 – 6　日照近海浅地层主要地震地层和界面
(RZL06 剖面 N – S 方向 0 ~ 8800 炮点, 横向标记线间距约 500 m, 位置见图 9 – 1)

海平面上升的最大海泛面, 在全区分布相对稳定。局部出现的斑块特征, 一方面是受到全新世晚期和现代海底侵蚀的作用, 界面表现不连续; 另一方面是受到"鬼波"效应的影响, 降低了地震界面追踪的准确性。

U1 地层为全新世的浅海相沉积。收集到的研究区附近的少量钻探资料也揭示了研究区海域全新世地层厚度较薄, 在研究区分布不连续的特征。

9.3.2　D2 界面和 U2 地层

D2 地震反射界面为一个高振幅的侵蚀面, 在侧向上不连续, 起伏不平, 多呈"V"形或"U"形的河谷状下切到下伏地层中(图 9 – 4 至图 9 – 6)。U2 层是 D1 到 D2 之间的地层, 地震反射结构以斜交与波状等杂乱结构为主。

研究区 U2 地层厚度一般在 3 ~ 5 m, 局部地层可达 20 m, 主要取决于下切谷的宽度和深度。由于该地层中下切谷众多, 地层的深度和宽度变化很大, 地层切割零碎, U2 的等厚度图也显得零乱(图 9 – 9)。但总体上呈近岸地层厚度小, 离岸逐渐加厚的趋势。

D2 反射界面深度变化在 18 ~ 48 m 之间(低于目前海平面), 平均值 31 m 左右, 整体向离岸方向加深(图 9 – 10)。

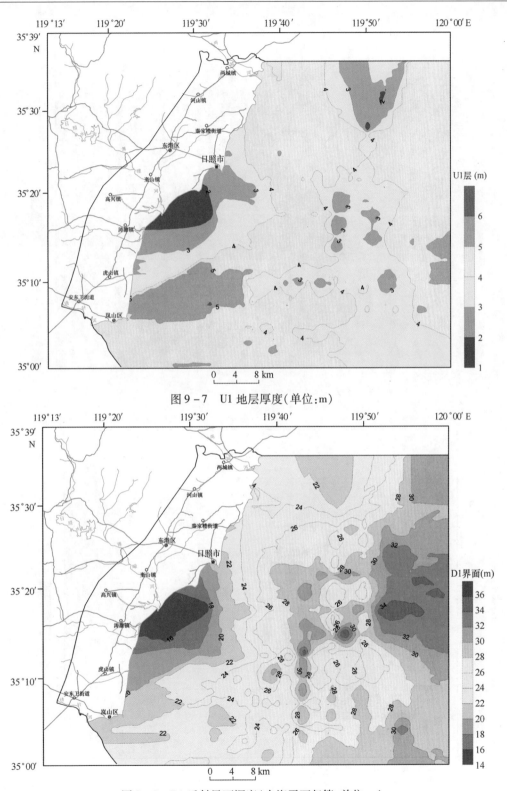

图9-7　U1地层厚度(单位:m)

图9-8　D1反射界面深度(自海平面起算,单位:m)

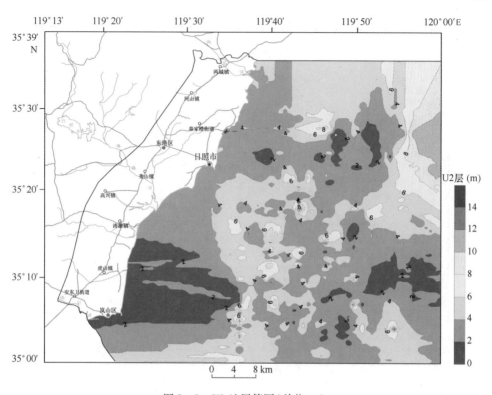

图 9 - 9　U2 地层等厚(单位:m)

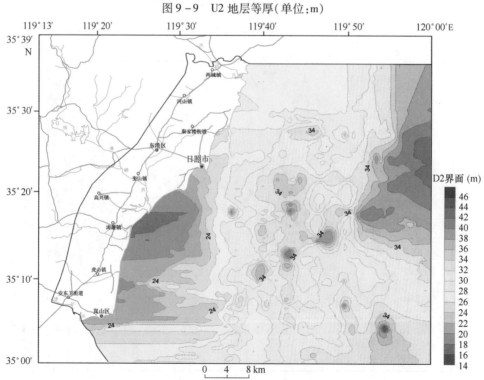

图 9 - 10　D2 反射界面深度(自海平面起算,单位:m)

根据该沉积层的特征,以及附近海域地质钻孔资料推测,D2 地层界面应为末次冰期(MIS2,或甚至可能上延到 MIS3 和 MIS4)低海面时期形成的侵蚀界面。下切河谷为河流或潮流作用形成。U2 地层为低海面时期的河流充填或在冰后期海平面上升时形成的充填沉积物。由于长期受陆相河流作用或海平面上升过程的海岸高能环境影响,沉积层物质混杂,地震反射信号杂乱。

9.3.3 D3 界面和 U3 地层

地震反射界面 D3 是一个相对平滑的切削下伏地层的侵蚀面。在 D2 和 D3 之间的地震单元 U3 为高强度的倾斜—低角度反射层,与下伏地震单元呈渐变式的接触关系(图 9 - 4 至图 9 - 6)。由于上覆下切谷的侵蚀,地震单元 U3 在厚度上很不规则,当上覆的下切谷不存在或较浅时,该单元厚度大多为 6~9 m;在研究区的中部,U3 厚度一般大于 5 m,向岸和向深水方向减薄;在河口和近岸区域,厚度低至 1 m 以下,甚至完全被切削(图 9 - 11)。D3 界面深度一般为 18~48 m,平均值 34 m 左右,总体由河口向海方向深度逐渐变大(图 9 - 12)。

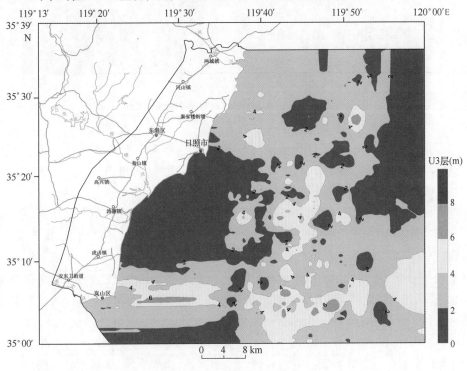

图 9 - 11 U3 地层厚度(单位:m)

9.3.4 D4 界面和 U4 地层

地震界面 D4 是一个高强度的地震反射界面,相对平缓地向海方向倾斜,起伏不大,基本上未被上部的下切谷切割,为研究区分布最广的侵蚀面,全区可见(图 9 - 4 至图 9 - 6)。

在 D3 和 D4 之间的 U4 反射层是以 35°10′N、119°50′E 为沉积中心的向北和向岸方向倾斜的前积层,它下超于 D4 之上(图 9 - 13)。在沉积中心,U4 的厚度可达 20~22 m,向研究

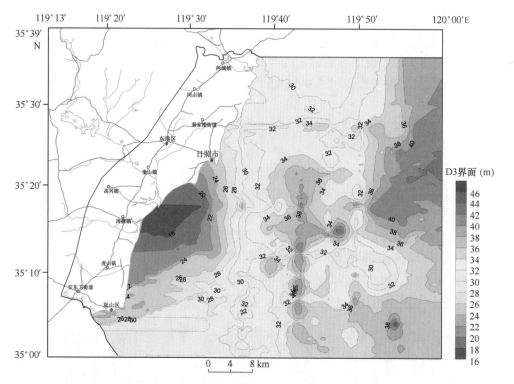

图 9 - 12　D3 反射界面埋深(自海平面起算,单位:m)

区的北部和向岸方向减薄,近岸区仍然保持 5 ~ 7 m 的沉积层厚度。局部受上部下切谷的侵蚀切割,沉积层厚度减薄,不足 5 m(图 9 - 14)。反射界面 D4 深度范围在 25 ~ 54 m,平均值40 m 左右,整体上由近岸向海延伸方向逐渐增大(图 9 - 15)。

根据"长江口以北沙泥质海岸带环境地质调查"项目钻取的 SYS0701 钻孔岩心的测年分析资料,D3 界面年龄大于 ^{14}C 测年的数据范围,即大于 47 ka BP,而 D4 界面下的地层的 OSL 测年年龄则在 93 ~ 117 ka 的范围,依此推测 U4 地层的形成时代应介于 47 ~ 117 ka 之间。

从地震相分析,U4 为典型的三角洲沉积特征,沉积中心在研究区的东南,由南黄海海州湾向北发育。"长江口以北沙泥质海岸带环境地质调查"项目获得的地震资料也揭示了南黄海西部 T3(对应 D3)和 T5(对应 D4)界面之间的古黄河三角洲沉积,而且分布范围非常广泛,延伸到本研究区。因此,推测 U4 沉积层应为该古三角洲的远端沉积。U4 地层的内部地震反射结构符合三角洲前缘沉积的特征,底部和 D4 界面上超接触,顶部受到 D3 界面的切削。

关于 U4 三角洲沉积的形成年龄,《长江口以北沙泥质海岸带环境地质调查研究报告》推测为氧同位素三期(MIS3)的沉积。但基于该古三角洲的沉积的底界面范围在目前海面以下 25 ~ 50 m,顶界面在目前海面以下 30 ~ 40 m(大致相当于当时海平面的位置),并考虑该区的地壳相对稳定,区域沉降幅度不大的地质背景,认为 MIS3 期间是海平面在 - 40 m 和 - 80 m 的范围波动可能不会形成如此规模的三角洲,因此推测该古三角洲的沉积时间可能更早,为 MIS5 中晚期阶段形成。

其上的 U3 层为浅海和近岸的沉积地层,底界面切削了 U4 地层,可能形成于为海平

MIS5 晚期的近岸浅水环境,以砂质沉积物为主,沉积环境能量较高。

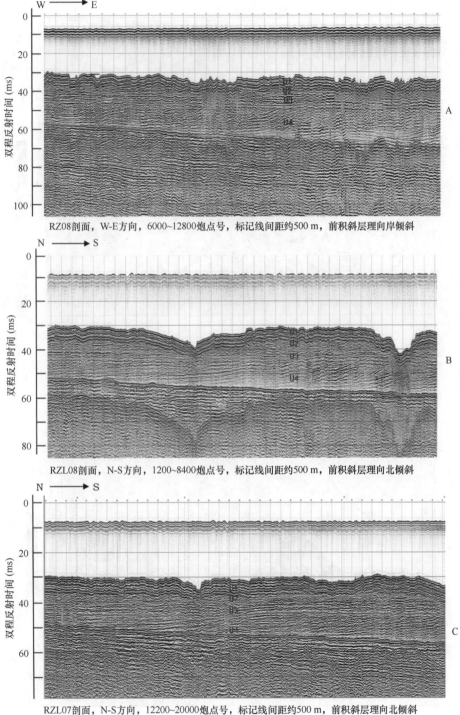

图 9 – 13   U4 地层中的倾斜的前积反射层

(剖面位置见图 9 – 1)

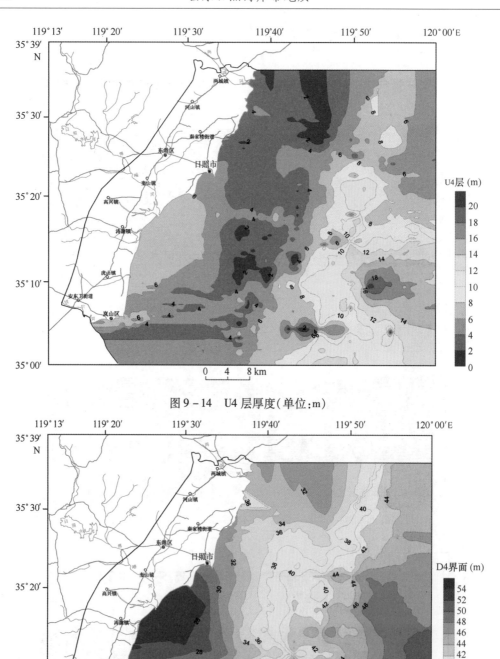

图9-14　U4层厚度(单位:m)

图9-15　D4反射界面埋深(自海平面起算,单位:m)

10　地质灾害

在自然界形成过程中,本身即存在一些原生的环境地质问题,在经济发展和工程建设过程中,人类活动可能加剧或引发了新的环境地质问题,导致地质灾害的发生。地质灾害是指在自然或者人为因素的作用下形成的,对人类生命财产、环境造成破坏和损失的地质作用(现象)。实际地质工作中,将产生直接危害或潜在影响的地质条件(包括地质体、地质作用、地质环境等),即灾害地质因素,也作为调查研究目标,研究地质类致灾因子及其发生、发展机制、分布规律。本章将地质灾害及其潜在的灾害性地质因素一并介绍和讨论。

地质灾害的发育分布与地质环境条件(如地形地貌、地层岩性、地质构造、新构造运动的强度与方式、岩土体工程地质类型、水文地质条件等)、气象及植被、人类工程经济活动强度等密切相关(王光栋等,2007;李培英等,2007)。研究区陆域主要地质灾害及环境地质问题有崩塌、滑坡、泥石流、地面塌陷、地面沉降、海(咸)水入侵、海岸侵蚀等(徐军祥等,2010);近岸海域灾害性地质因素主要为埋藏下切谷、海底侵蚀和陡坎。浅地层剖面资料显示研究区近岸海域的活动断层并不发育,没有明显的断层冲断浅部地层的现象,说明研究区近岸海域的新构造活动并不十分强烈,地壳相对稳定。另外,在日照港和岚山港附近均有抛泥区,其中日照港的抛泥区规模较大,有海底滑坡和强浪作用对邻近海域环境造成影响的潜在危害(图10-1)。

10.1　崩塌、滑坡、泥石流

10.1.1　类型及时空分布

10.1.1.1　崩塌

崩塌按物质成分大致分为岩质崩塌和土体坍塌两类。

岩质崩塌:陡坡上被直立裂缝分割的岩体,失去稳定,向下倾倒、翻滚就地堆放的现象,呈倒石堆状,结构松散、零乱。研究区已发崩塌地质灾害多发生在坡度40°以上,海拔200 m以上的山体。岩质崩塌地质灾害点是主要以花岗岩为主的山体,崩塌体多为碎块石,以剥落、坠落为主要形式发生。

土体坍塌:由于自然或人工形成的陡坡,在降雨作用下土体容易发生坍塌。

研究区崩塌主要分布在奎山、丝山、河山、虎山、阿掖山等地。根据收集资料及实地调查,研究区内近年未发生崩塌灾害。周边东港区三庄镇大脉店村西,1981年发生了陡坡坠石,砸坏了6间民房,4人死亡(图10-2、图10-3)。

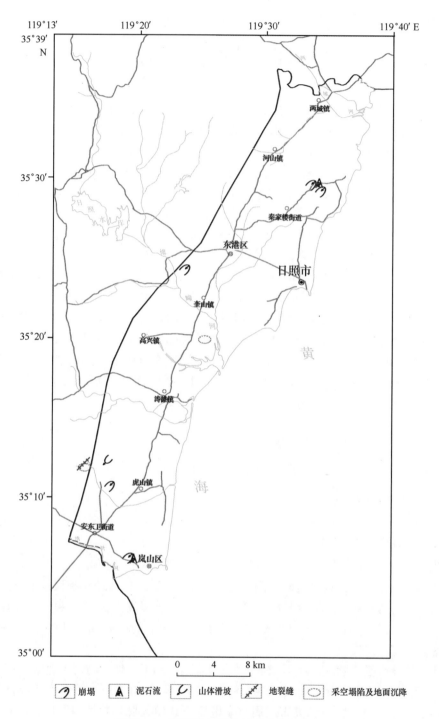

图 10 - 1　研究区(陆域)地质灾害分布

图 10 - 2　丝山采石形成的陡崖

图 10 - 3　丝山山体崩塌

10.1.1.2　滑坡

滑坡是指岩体或土体在重力作用下沿一定的软弱结构面整体下滑的现象。日照市滑坡多为小型滑坡,滑坡灾害及隐患点与崩塌灾害(含隐患点)分布范围基本一致,主要分布在海拔较高的各山区地带,人类工程经济活动和强降雨是主要诱发因素。危险性较大的主要有岚山区东山村滑坡、丝山周边滑坡等(图 10 -4)。

图 10 -4　东山村滑坡远景及拉张裂缝

10.1.1.3　泥石流

泥石流是指在山区或者其他沟谷深壑、地形险峻的地区,因为暴雨或其他自然灾害引发的山体滑坡并携带有大量泥沙以及石块的特殊洪流。泥石流具有突发性以及流速快、流量大、物质容量大和破坏力强等特点(刘国煜等,2010)。研究区泥石流主要分布在丝山和阿掖山南炮台一带。研究区泥石流虽发生的次数少,但仍存在着严重的威胁。2003 年 8 月 9 日,在岚山区阿掖山南炮台北侧发生的泥石流,长 150 m,高 3 m,上千方泥沙及石块冲向山脚下的公路,使交通一度中断。

10.1.2　形成条件

10.1.2.1　崩塌

1)自然岩质崩塌

研究区出露地层以变质岩和侵入岩为主,无明显软弱组合结构,自然岩质崩塌主要是在位于高处(山顶)的岩体内部劈理、裂隙发育地段,由于自然风化作用使山顶和开挖处岩石与母体分离或悬空,在降雨或地震外力作用下容易发生崩塌。

2)人工岩质崩塌及土体坍塌

区内人工岩质崩塌主要由人为开挖形成,多形成于坡度大于 60°的陡坡地段,岩石竖向节理发育,由于采石、筑路开挖山体使陡坡处岩石松动、破碎,部分与母岩脱离,在降雨或振动等外力作用下,易产生崩塌现象;土体(碎石土)坍塌则是岩土体由于人为开挖等形成的陡坡,在河流冲刷侵蚀和降雨等外力作用下,内聚力减小而发生坍塌。

10.1.2.2　滑坡

滑坡的形成一般与岩、土体中软弱结构面、边坡条件及地表水关系密切。区内出露岩性以变质岩和侵入岩为主,无明显的软弱结构面,岩体滑坡主要是由于岩体内部受构造活动影响裂隙发育,地表径流沿裂隙下渗顺层面流动,或软化裂隙中充填物使其润滑,形成滑动面,当前沿岩体遭坡角开挖或洪水、河流等冲刷、浸润时,岩体在重力作用下临空失衡产生下滑,如丝山周边滑坡。土体滑坡滑动面一般位于土体与下部基岩风化接触面处,上部土体为坡洪积层,地表径流从土体渗入,至基岩面处遇阻,使接触面处土的抗剪强度显著降低,构成软弱滑动面,从而使上部土体失稳,沿下伏基岩面滑动,如岚山头东山村滑坡。

10.1.2.3　泥石流

泥石流的形成与水源、松散物质、地形坡度和汇水地形等密切相关。研究区属低山丘陵区,大部分为弱切割剥蚀构造丘陵区,山谷及山坡坡度一般小于 30°,且由于基岩表层风化作用强烈,山区植被较发育,因此区内泥石流规模一般较小,无明显的形成区和水流汇集区,流通区和堆积区往往无明显的分界,物质来源主要为坡面风化残坡层、少量崩塌体和小型滑坡体(一般为土体滑坡)等。

10.1.3 影响因素

10.1.3.1 崩塌

研究区内崩塌的主要影响因素:人类工程经济活动、风化、降雨和地震等,其中人类工程经济活动是诱发崩塌灾害的主要因素。

另外,位于公路两侧山体和采石场开挖陡坡上的破碎岩石在振动外力(如过往车辆、爆破等)作用下,亦容易发生崩塌现象。

10.1.3.2 滑坡

研究区内滑坡均为暴雨型滑坡,因此滑坡的主要影响因素为暴雨。具体表现在两个方面:①雨水能引起滑动面的软化和降低土体的抗剪力、内聚力,加速滑坡体的下滑,此作用在土体滑坡中尤为突出,如正在滑动的齐家沟滑坡,每逢降雨坡体前沿土体与下部基岩接触面处便有水渗出,滑体上部产生裂缝或裂缝变宽;②降雨使河流、洪水的侵蚀作用加强,水流冲刷、浸润坡角,加速坡体临空失稳。

另外,人为活动(开挖坡角)和地震是滑坡产生和引起下滑的不可忽视的影响因素。

10.1.3.3 泥石流

根据调查分析,区内人类工程经济活动和环境条件是泥石流形成的主要影响因素。南炮台泥石流位于岚山区南部。该地段属中切割构造剥蚀丘陵区,地质构造发育,岩石风化破碎,新构造运动活跃,崩塌和滑坡灾害发育,为泥石流的形成提供了物质来源。另外,该地段降雨量大(多年平均降水量大于 800 mm),暴雨频发,是泥石流形成的动力来源。

人类工程经济活动的影响主要表现在山坡耕作、砍伐山林等方面,为泥石流的形成创造了有利的条件。

10.1.4 防治措施

(1)开展对易崩塌、滑坡、泥(渣)石流的日常监测,在雨季山洪易发区要加强加密监测,建立预警方案,必要时进行演练。

(2)对不稳定边坡进行支护加固处理,稳定联固易崩岩体与斜坡,同时修筑排水工程以拦截、疏干斜坡地表水和地下水,防止水活动对边坡稳定性的影响。

(3)在危石突出的山嘴以及岩层表面风化破碎严重的山坡地段,剥落风化层、削缓山坡和人工绿化。在流域内植树造林、稳定边坡、合理耕种土地、修建坡地排水系统,禁止在土坡和沟谷、河道堆放弃土废石(图 10-5、图 10-6)。

(4)对滑坡隐患外围,应采用截水沟、水平钻孔疏干、垂直孔排水等方法,降低孔隙水压力和动水压力,防止岩土体的软化,消除或减小水的冲刷和浪击作用;对不稳定边坡采用喷混凝土护面、挂钢筋网喷混凝土或修建挡土墙、护墙等方法进行支挡;对裂隙或软弱结构面采用水泥预应力锚杆或锚索进行加固。

(5)在潜在泥(渣)石流发生地段植树、造林、种草等,以形成地面保护层,拦截降水,减少向下渗透的降水量,保护土层免遭侵蚀。

图 10 – 5　丝山崩塌治理(治理前)

图 10 – 6　丝山崩塌治理(治理后)

(6)对易崩塌、滑坡、泥石流区的群众加强防灾宣传教育,使群众掌握一定的防灾、减灾自救方法。

10.2　地面塌陷

10.2.1　类型及时空分布

地面塌陷是地表岩土体在自然或人为因素作用下,于一定范围内短时间产生的地面沉陷,导致地面或建筑物损坏,造成一定经济损失的一种地质灾害。它是地面变形的一种表现形式,按成因可分为采空塌陷和岩溶塌陷。目前研究区内已发生和存在隐患的地面塌陷均为采空塌陷,并发育塌陷伴生地裂缝,主要分布在岚山区虎山镇梭罗树村石棉矿区,为矿山开采引发的地质灾害,面积约 4.60 km²。从 1978 年开始塌陷,属累进型兼突发性采空塌陷,出现突发性塌坑 2 处,周围地裂缝发育,地面沉降明显,矿山现已停采,暂时缓解了塌陷的进一步发生。

10.2.2　形成条件

研究区内石棉矿矿区采空塌陷由于开采方式是冒落式开采(图 10 – 7),且矿床埋藏浅,随着矿床的开采,矿床顶部形成一定的采空区,在降雨等外力及重力作用下上部岩土层塌落形成地面塌陷(图 10 – 8)。

10.2.3　影响因素

区内采空塌陷的影响因素主要为降雨和开采方式。

当地下采空区形成一定规模后,上部岩土层悬空,破坏了其内应力结构,尤其在构造发育地段由于裂隙发育,可促进冒落变形过程,遇降雨等外力作用时内应力进一步减小,失去支撑而发生地面塌陷。

受冒落式开采方式的影响,区内地面塌陷持续性强,随着地下矿床的开采,塌陷深度不断增大的同时还伴随有新的地面塌陷。如1978年形成的塌坑深度为8 m左右,目前已达12~15 m,2000年受降雨外力影响在其南侧又形成一塌坑。

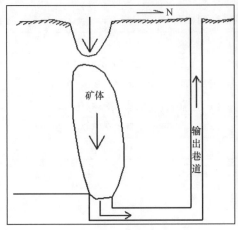

图 10 - 7　开采示意图

图 10 - 8　梭罗树采空塌陷

10.2.4　防治措施

随着城市建设规模的扩大,许多矿山逐渐纳入城市建设的规划之中。如何采取避让和进行采空塌陷地质灾害治理,应引起有关部门的重视。根据区内矿山实际情况,其防治措施主要如下。

(1)对开采程度较高的采空区或者已经停采的采空区,应采用调查结合物探、钻探验证的手段进行专项勘察,并进行充填治理,彻底消除遗留老采空区的隐患。

(2)改进采矿工艺,推广充填法采矿(利用矿渣、水泥或高水速充填材料)。

(3)采用放顶、回填、恢复植被等工程措施予以治理。

(4)加强动态监测、适当避让,在采空区边界处设立警示标志、网护等设施。

10.3　海(咸)水入侵

海(咸)水入侵是由于地下水动力条件改变,引发海水或咸水含水层地下水向内陆淡水含水层运移的一种有害水文地质现象。海(咸)水入侵造成供水水源破坏、土地盐碱化、生态环境恶化等。山东省海(咸)水入侵始于20世纪70年代中期,40多年来,随着地下水开采量的增长,沿海地区海(咸)水入侵规模不断扩大(李振函等,2009)。

日照市沿海近几年由于城市用水量和农业用水量逐年增加,地下水开采不够合理,地下水位下降;加之河两岸居民无序挖采河砂,河床下切,含水层厚度减小,导致沿海从两城至汾水段海水入侵加剧。海水沿河流及两岸逐年内侵,推进距离逐渐加大,入侵面积不断增加,沿海居民生活用水发生困难。

10.3.1　海(咸)水入侵的判别依据

在日照市海岸带海(咸)水入侵区采集地下水样,并送实验室进行化验,确定水中各种离子的含量,然后根据表 10 - 1 进行对照,确定海(咸)水入侵及其等级。

表 10 - 1　海(咸)水入侵离子判别依据

危险性评价	基本标志 Cl⁻(mg/L)	辅助标志		
		(Na + K)/Cl	矿化度(g/L)	水化学类型
无入侵(A)	<250	>1.5	<1.0	一般为 HCO_3 或 $HCO_3 \cdot Cl$ 型
轻度入侵(B)	250～500	1.0～1.5	1.0～1.5	一般为 Cl 型水或 $HCO_3 \cdot Cl$ 型
中度入侵(C)	500～1 000	0.7～1.0	1.5～3.0	一般为 Cl 型水或 $HCO_3 \cdot Cl$ 型
重度入侵(D)	>1 000	<0.7	>3.0	一般为 Cl 型水

10.3.2　海(咸)水入侵现状

为查明海(咸)水入侵的规模,掌握其规律,评价是在充分利用以往资料和野外调查、取样分析的基础上进行的。

10.3.2.1　海(咸)水入侵现状

日照市海(咸)水入侵始于 20 世纪 80 年代末期,近几年发展迅速(李振函等,2009)。据近年监测资料显示,海(咸)水入侵目前已成为河口海岸地区分布范围广、影响较大的地质灾害。日照海(咸)水入侵范围在雨季有所减少,但在旱季又会扩大,总体在缓慢扩张之中(表 10 - 2、图 10 - 9)。

表 10 - 2　2012 年日照市海(咸)水入侵调查点基本情况

流域	位置	点号/等级	Cl(mg/L)	矿化度(g/L)	(Na + K)/Cl	化学类型
两城河	养殖池	S13(D)	4 693.40	8.94	0.54	Cl - Na
	养殖池	S14(D)	16 274.94	27.01	0.54	Cl - Na
傅疃河	东两河	S53(A)	230.35	0.66	0.33	Cl - Ca · Na
	盐田	S80(D)	15 116.59	27.17	0.55	Cl - Na
	南树村	S81(D)	15 440.52	27.67	0.55	Cl - Na
	夹仓	S82(D)	1 149.94	2.31	0.45	Cl - Na · Mg
	宅科村	ZK19(A)	207.54	1.70	1.61	$SO_4 \cdot HCO_3$ - Na

流域	位置	点号/等级	Cl(mg/L)	矿化度(g/L)	(Na+K)/Cl	化学类型
巨峰河	小河坞	S68(B)	385.11	1.32	0.49	Cl – Na·Mg·Ca
	泥田沟	S69(B)	253.74	0.76	0.30	Cl – Ca·Na
	郭家庄子	S71(B)	275.34	0.66	0.27	Cl – Ca·Na
	马家村	S78(D)	1 022.17	2.25	0.71	Cl – Na
	李家村	S79(D)	10 113.72	18.86	0.58	Cl – Na
	侯家村	S86(D)	9 141.94	16.72	0.55	Cl – Na
	大朝阳	S87(D)	14 036.84	25.44	0.55	Cl – Na
	栈子	S88(D)	14 144.81	25.49	0.54	Cl – Na
	巨峰河边	S89(D)	16 844.20	30.01	0.55	Cl – Na
	王家村	S90(D)	16 736.23	29.91	0.55	Cl – Na
	栈子	ZK25(D)	7 156.25	13.01	0.56	Cl – Na
绣针河	竹园村	S58(A)	224.95	1.12	0.68	Cl – Na·Ca·Mg
	仁家村	S60(B)	287.94	0.78	0.36	Cl – Ca·Na
	车庄	SZK4(C)	676.68	1.42	0.47	Cl – Na·Ca

注:A——无入侵;B——轻度入侵;C——中度入侵;D——重度入侵。

1)绣针河下游

绣针河下游汾水车庄以东、王坊以北,地下水 1989 年前水质良好,矿化度小于 0.5 g/L。仅在获水以南 400 m 处沿海地带,矿化度偏高,为 1.5 g/L。该富水区曾为岚山区供水水源地,地下水日开采量 28 000 m³,其中获水—车庄段日开采量为 5 074 m³(185.2×10⁴ m³/a)。该地段开采过程中,岚山街道办事处也建了一处供水站,实际开采量达 286.2×10⁴ m³/a,严重超采达 154.5%。由于开采量大,获水富水段地下水位逐年下降,导致海水入侵水质恶化,矿化度大于 1.5 g/L。至 2000 年年底,海水入侵锋线成弧形内侵 1 200 m,入侵面积 3.5 km²,致使地下水咸化无法饮用,获水—车庄水源地报废,供水泵站停采。近几年由于不合理地挖采河砂,使绣针河水位下降,河床下切了 2 m 左右,减少了储水空间,地下水位下降,更加剧了海水入侵。2012 年,海水入侵面积达 3.79 km²。

2)傅疃河下游

傅疃河下游河口地区海水入侵相当严重。在河口西北部,海水入侵锋线在张家厫头、夹仓、蔡家滩一线,海水入侵的地层为第四系临沂组和山前组。傅疃河口为潮汐河口,海水随海潮沿河道入侵,海水向北沿傅疃河一般可达夹仓—小古镇之间。未建挡水坝前海水最远可达 204 国道傅疃河大桥,直逼丁家楼水源地。

海水养殖业的发展也是造成该区地下水变咸的一大因素。近几年来,在夹仓西南部、张家厫头、南树、蔡家滩一带,海水养殖业迅速发展,新开挖或利用滩涂围造的养殖池、养殖大棚的数量和面积成倍增长。这些养殖场从河口地下水抽水并排放卤水(每个大棚 5~6 眼井,单井出水量 20 m³/h),从而加剧了海水向陆地内侵(图 10-10)。2012 年,海水入侵面积增至 51.97 km²。

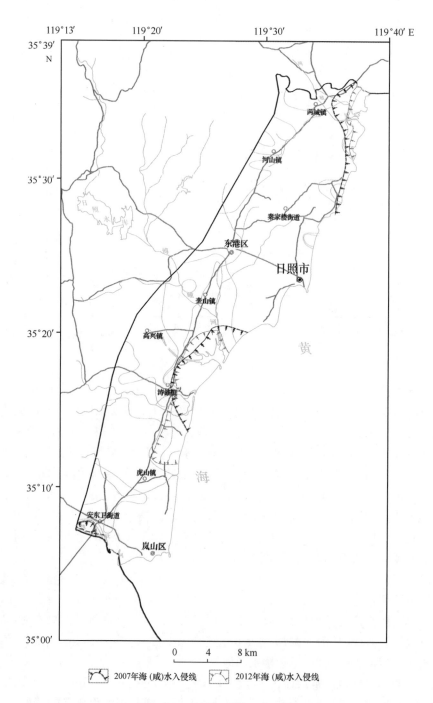

图 10 - 9　研究区海水入侵现状

图 10-10 养殖场及抽水井

3）巨峰河和两城河下游

巨峰河和两城河下游,均发育程度不同的海水入侵,尤其是巨峰河下游涛雒至高旺一带。该地段全新世海相与陆相沉积交错重叠,近海滩涂为海相淤积层,该处地势低平,海积层发育,地下水位较浅,大部分地段属上淡下咸区。该区以种植水稻为主,引上游巨峰河河水灌溉。近 10 年来,因上游补给水源不足,只能大量开采地下水,致使地下水位大幅度下降,最低水位一度在 -6.0 m 以下,致使底部咸水上返,东部咸水西侵,海水顺河上溯倒灌,农田盐渍碱化程度加重,海水入侵面积扩大。该处 20 世纪 80 年代末咸淡水界面尚在 204 国道以东 1 200 m 处,而现在已接近 204 国道。

另外,两城河下游也不同程度地存在海水入侵和淡水咸化问题。两城河下游地势低平,海拔标高仅 1.5 m,涨潮时海水顺河上溯倒灌,最大顺河顶托 3.5 km,常使河两岸农田淹没咸化,粮食减产。2012 年海水入侵面积 13.84 km^2,两城河下游原供鲁南国家森林公园的水井已搬迁西移 2 km。

10.3.2.2 海(咸)水入侵区地下水水化学特征

从近 10 年来日照市地下水的水位和水质监测资料可以看出,日照市海(咸)水入侵区地下水位近年有不同程度的下降,地下水的水质亦有不同程度的变化。本区未受海水入侵的滨海平原地区地下水为 $HCO_3 - Ca$ 或 $HCO_3 Ca \cdot Mg$ 型水,水的化学成分以 Ca^{2+}、Mg^{2+} 和 HCO_3^- 为主,矿化度在 0.5 g/L 左右。受海水入侵影响,地下水中 Cl^-、Na^+ 含量增加,Ca^{2+}、Mg^{2+} 和 HCO_3 的含量相对降低,形成混合型水,地下水化学类型为 $HCO_3 \cdot Cl - Ca$、$Cl \cdot HCO_3 - Ca \cdot Mg$ 或 $HCO_3 \cdot Cl \cdot SO_4 - Ca \cdot Na$ 型水。而海水入侵严重地段,水中 Cl^- 含量大幅度增加,同时 Na^+ 含量亦急剧增加,矿化度超过 1.0 g/L,成为 $Cl - Na$ 型水。

同时,同一海(咸)水入侵处(如涛雒、荻水、夹仓)随着近年地下水的开采量加大,呈现 Cl^- 含量和矿化度不断增大趋势。如涛雒 1994 年水质分析结果:Cl^- 为 370.87 mg/L,矿化度 937.72 mg/L;2000 年分析结果:Cl^- 为 447.39 mg/L,矿化度为 1 172.69 mg/L;2005 年水质分析结果:Cl^- 为 483.57 mg/L,矿化度达 1 239.8 mg/L;2010 年水质分析结果:Cl^- 为 621.48

mg/L,矿化度达 1 349.06 mg/L。夹仓观测点 Cl⁻由 2001 年的 72.34 mg/L 增加到 2012 年的 1 149.94 mg/L,矿化度由 2001 年的 0.74 g/L 增加到 2012 年的 2.31 g/L。由此,说明近年来日照市海(咸)水入侵有加剧之势。

10.3.3　海(咸)水入侵形成原因及防治对策

10.3.3.1　形成原因

地下水长期超采导致区域地下水水位持续下降,产生负值降落漏斗,加之不合理的河道采砂使河床下切,含水层厚度减小,这是海(咸)水入侵规模不断扩大的主要原因。其次连续枯水年使得地下水补给量减少,则是该区海(咸)水入侵的第二个原因。另外,海水养殖也是造成海水入侵的人为原因之一(马凤山,1997)。

10.3.3.2　防治对策

近几年来,日照市海(咸)水入侵的规模不断扩大,而且有进一步扩大之势。这必须引起有关方面的重视,必须采取切实可行的措施,管好用好有限的地下水资源,实现社会效益、经济效益、资源效益与环境效益的统一(赵德三,1991)。

1)合理开采地下水

超量开采地下水是该市引发海(咸)水入侵的主要原因,为了把海(咸)水入侵限制在最小范围,必须做到合理开发利用水资源。首先,要立足于节约水资源,建立节水型工农业生产体系,大力推广节水灌溉技术和工业节水技术,尽量减少地下水开采量;其次,采取回渗补源措施,拦截入海地表径流,以保证本区具备充足的地下水补给源(王春义等,1996)。

2)建造拦蓄工程

根据傅疃河下游河道宽度较窄,深度较浅的特点,在下游咸淡水界面附近修筑地下截渗墙,地上修建橡胶坝,以防止海水入侵。

10.4　地面沉降

2011 年来,日照市沿海地区水产养殖大棚持续迅速发展,由于集中大量开采地下咸水,导致地下水位持续下降,引起地面沉降,主要在日照市东港区奎山镇南树村—西灶子村一带(图 10-1)。

该区域含水层多为中—粗砂、砂砾石等。海水和大气降水为主要补给来源,由于开采量大于补给量,因此地下水位持续下降,且幅度较大,易引起含水层压缩,造成地面沉降。由于不均匀的地面沉降使地面开裂,形成地裂缝。这一地质灾害已造成盐田严重漏水、民房开裂变形(图 10-11)。如不采取措施加以控制,地面沉降面积将进一步扩大,严重威胁沿海公路、桥梁等一切地面建筑,带给当地居民的人身安全威胁和经济损失将进一步扩大。

图 10 - 11　地面沉降引起的房屋开裂

10.5　海岸侵蚀

10.5.1　海岸侵蚀现状

　　日照海岸是我国漫长的海岸线上连续砂质海岸最长的岸段之一,也是海岸侵蚀研究程度最高的地区之一。日照港(原石臼港)和岚山港的选址建设,使得日照海岸带的侵蚀监测工作在 20 世纪 70 年代末期就陆续开展,至 90 年代中期海岸侵蚀监测连续记录可达近 20年。已有的研究工作表明,日照砂质海岸自 20 世纪 70 年代以来持续侵蚀后退,岸线平均蚀退速率 1~1.5 m/a。该岸段海岸侵蚀的研究工作被多位学者报道(崔承琦,1983;庄振业等,1989,2000;夏东兴等,1993;王文海等,1993;印萍,1998;陈吉余等,2010;李兵等,2013)。

　　庄振业等(2000)对日照南部海岸 1977—1998 年的 10 多条长期观测剖面的数据进行了总结,定性地对研究区海岸侵蚀的动态特征和趋势进行了分析研究(图 10 - 12)。监测结果表明奎山嘴—蔡家滩和刘家海屋—岚山头一带为基岩砂砾质海岸,长期处于侵蚀状态,发育基岩侵蚀平台,上部堆积较大的砾石和粗砂,表明该岸段长期处于沉积物供应不足的侵蚀状态。目前这一岸段基本上全部被开发成为港口码头或工业回填区;蔡家滩—韩家营子的16 km 复式沙坝潟湖海岸和韩家营子—刘家海屋 6 km 的单坡沙丘沙坝海岸是侵蚀后退最为明显的岸段(图 10 - 13),长期监测表明岸滩持续后退,岸线平均蚀退速率 1~1.5 m/a。

　　赵庆英等(2008)根据海图、遥感影像等分析了岚山头到绣针河口一带的海岸变迁,指出在岚山头岬角以西的王家庄沿岸,从 1963 年到 1984 年,海岸线后退了 360~540 m,岚山港建港以后,海岸稳定在现今人工海堤附近。绣针河口的海岸动态近 40 年来变化明显(图10 - 14)。在 1963 年海图上,河口东岸原有一长条状沙嘴向西南延伸,河口沙嘴长约3.3 km,宽约 60~120 m。1971 年岚山港建成后突堤拦阻了沿岸泥沙运移,由北部沿岸越过岬角区进入海州湾的泥沙数量随之减少,河口沙嘴现已消失。近年来,受河口附近修建养虾池等人为活动的影响,绣针河口附近岸段基本上转为人工岸线,岸线位置变化不大。值得注意的是海图、遥感资料对比由于图件比例尺不同、资料来源不同、岸线解释地貌标志差异以

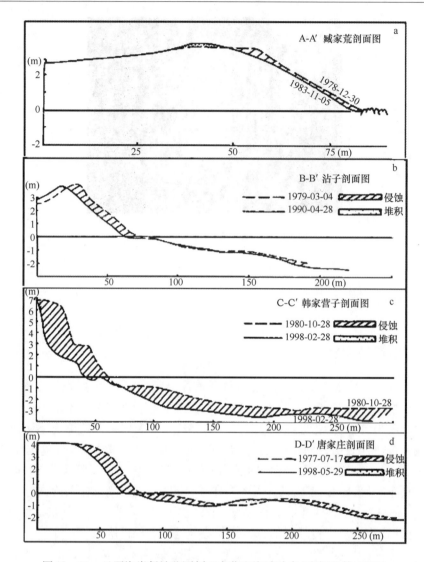

图 10 – 12　日照海岸侵蚀监测剖面变化和海滩动态（庄振业等,2000）

及时间跨度大等多种原因,计算得到的岸线变化幅度可能与实际观测数据有较大的差距,但总体上反映的研究区海岸物质亏损、海岸侵蚀持续发展的趋势是一致的。

到 1995 年左右,研究区海岸侵蚀已经严重威胁到海岸线附近的公路、房屋、养殖设施等安全,大面积的海岸防护林被冲刷倒伏入海,土地流失严重。这一现象引起了日照市政府的高度重视,先后出台了严禁海砂开采、建设海岸防波堤等多种措施,使研究区海岸的蚀退趋势得到缓解。近年来,由于日照港和岚山港的扩建以及海岸其他工程建设和工业用地围填海,调查区南部的大部分海岸已经变成人工岸线,其他岸段也建有防浪堤,海岸线的位置基本稳定。万平口以北的海岸仍大部分保留了砂质、基岩岬角海岸的自然形态,局部严重侵蚀岸段也受到了较好的防护。

图 10 – 13　日照海岸侵蚀造成的后滨陡坎和防护林破坏

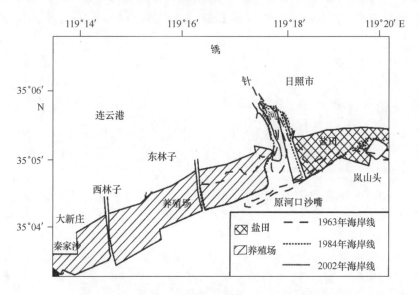

图 10 – 14　绣针河口附近的岸线变迁(赵庆英等,2008)

10.5.2　形成原因

日照沿海的砂质海岸是全新世高海面以来海岸泥沙长期堆积作用的结果,根据海岸沙坝的年龄可以看出海岸数千年来持续淤长,直到 20 世纪 50—60 年代仍可视为海滩沙收支平衡时期,70 年代开始发生持续侵蚀,并且海岸蚀退是区域性的,并不是短期和局部因素效应,而是区域性长期海岸泥沙收支失衡的结果。崔承琦(1983)、庄振业等(1989,2000)、夏东兴等(1993,2010)、王文海等(1993)、印萍(1998)、陈吉余等(2010)对研究区海岸侵蚀形成的原因进行了分析,指出河流入海物质减少、海岸挖砂、沿岸工程、海平面上升、风暴潮等的共同作用是导致海岸侵蚀的重要因素。印萍(1998)、庄振业等(2000)更是通过海滩沙收支计算,定量化地探讨研究区海岸侵蚀的原因和各因素影响的比重。

10.5.2.1 河流输沙减少

日照沿海地区有两城河、傅疃河、巨峰河、龙王河和绣针河等河流入海,携带大量泥沙在岸边沉积,东南营河、韩家营子河等较小的河流和冲沟也为海岸带来了一定数量的陆源碎屑物质,另外基岩侵蚀也为局部补充了粗颗粒的物质。这些入海泥沙在河口地区堆积形成小型的河口三角洲,并在沿岸流的作用下沿海岸搬运,成为砂质海岸建造的主要物质。20 世纪 50 年代以后,主要入海河流的上游逐渐开始修建水库,拦截了大量泥沙,水库的调流作用也降低了洪季河水对河床的冲刷能力,使河流供沙能力大幅度下降。根据估算,1958 年以来由于因水库拦截和地下水位下降,陆源泥沙逐年减少,1965 年以前和以后入海陆源沙量相差悬殊,如:1958—1965 年研究区平均陆源输沙量 53.49×10^4 t/a;1981—1985 年平均只有 1.1×10^4 t/a;1986—2000 年平均 0.05×10^4 t/a。若以 1958—1965 年平均输沙量 53.49×10^4 t/a 作为海岸未受侵蚀时期的标准,而 1966—1997 年平均陆源入海砂只有 6.33×10^4 t/a,则每年陆源沙亏损约 47.16×10^4 t/a,相当于 27.74 m^3/a。陆源入海泥沙剧减,没有足够的泥沙补充到海岸上,导致海岸泥沙亏损,海滩和后侧沙丘物质在波浪作用下不断被侵蚀剥离,海岸侵蚀后退。

10.5.2.2 近海和海滩采砂

海滩沙是主要的建筑材料和围填海用料,20 世纪 70 年代以来,随着海岸工程和城镇建设的快速发展,近岸海砂和海滩砂的商业性开采迅速发展。日照海岸海滩和近岸砂质纯净,以中粗砂为主,是良好的建筑材料,特别是江苏沿海缺乏沙源,因此日照海砂开采的需求量巨大。80 年代研究区有蔡家滩、小海、韩家营子和东潘家等多处采砂点,根据庄振业等(1989,2000)的统计,每年海砂开采约 3.5×10^4 t/a。80 年代中晚期,机械采砂技术得到发展,海域的海砂开采迅速上升,采砂量剧增,年采砂量约 15.13×10^4 t/a,合 8.9×10^4 m^3/a。1995 年日照市政府出台法规禁止在前滨采砂,大规模海砂开采活动得到遏制,但仍有吸沙船趁夜间高潮时,直接停靠海滩前滨,抽取低潮线一带的海砂,在滩面上留下许多裸露的采砂凹坑(图 10–15),导致前滨水深迅速增大,浪力增强,加速了海滩的蚀退。

图 10–15　偷采海砂在海滩和潮间带留下的大型采挖坑(2000 年)

海砂的开展是局域性的行为,但由于能造成海砂的急剧亏损,很快会影响到周边的海岸泥沙收支平衡,在波浪和风暴潮的作用下造成海岸的快速蚀退。由于海砂开采导致海岸泥沙的净亏损,在整体泥沙收支不平衡的情况下,海岸侵蚀的发展具有不可逆性。

笔者利用美国陆军工程部海岸工程研究中心开发的 Genesis 岸线变化数值模式(Hanson et al. , 1989),对海砂开采的海岸线变化响应进行了数值模拟。选取了具有长期观测资料的韩家营子附近岸线,对 2000 年夏季海滩挖砂后(挖砂点附近已发生明显蚀退)到 2001 年的岸线变化情况进行了计算(图 10 – 16)。模拟结果表明采砂点附近和下游岸线受到上游泥沙的补充,海岸侵蚀趋势得到缓解;上游邻近岸段由于下游海岸挖砂岸线和泥沙失衡,在沿岸流作用下大量泥沙被带到下游,导致海岸快速侵蚀。这与实际观测到的海岸变化情况是一致的。

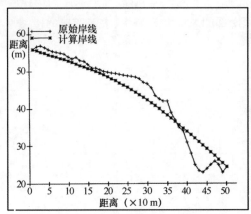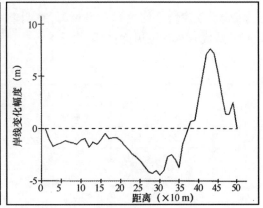

图 10 – 16   海滩挖砂引起海岸线变迁的数值模拟结果

左图:挖砂点附近岸线的空间变化模拟结果。其中,横轴为沿岸方向的距离,纵轴为垂直海岸方向的距离;

右图:岸线位置相对变化模拟结果。其中,横轴为沿岸方向的距离,纵轴为岸线相对变化距离

10.5.2.3   海平面上升的影响

全球长期海平面观测数据表明,近百年来全球海平面持续上升,尽管上升速率各个地区不尽相同。联合国教科文组织公布的近百年全球海平面上升速率是 1.0 ~ 1.5 mm/a,我国海平面平均上升速率约 1.4 mm/a,近年有加快的趋势。海平面上升将引起:①近岸水下岸坡范围上移,浅水区水深增大,近岸波能增强,增加了向海迁移的沙量;② 增加越滩浪的强度和频度,将前滨沙带到海滩向陆侧的湖或低平原中,加剧了岸线向陆迁移的力度;③侵蚀基面升高,加强了河流的溯源堆积, 减小了河流的输沙量。布容法则(Bruun,1962)被普遍用于海面变化对海岸蚀淤影响的估算。

根据田晖、陈宗镛(1998)的统计, 日照海岸 1970—1995 年海面相对上升速率约为 1.0 mm/a。以海滩剖面的闭合水深为 6 m 进行估算,由相对海平面上升引起的海岸蚀退速率大约为 7 ~ 10 cm/a,相当于该段海岸线蚀退率的 8% ~ 10%。尽管海平面上升引起的海岸侵蚀速率较小,但应引起注意的是海平面上升是长期持续作用于海岸的。随着全球变暖,海平面上升的幅度将进一步加快,侵蚀速率将持续加快。

10.5.2.4　台风暴潮

台风和风暴潮过程引起的大浪和水位上升,使海滩和后侧的沙丘暴露在强烈的波浪作用之下,海滩上部被侵蚀下来的泥沙被强浪带到深水区,这些物质一般在平常的风浪条件下很难被带回海滩,或者要经过很长的动力过程才会被带回海滩系统,因此,台风暴潮一般造成强烈的海岸侵蚀。

日照海岸位于山东南部,受到热带气旋、温带气旋或寒潮过程等引起的大浪影响,并多伴随风暴潮增水事件,海滩受到强浪的破坏侵蚀作用显著。1997 年的 9711 台风前后在研究区涛雒河口至刘家海屋一带的砂质海岸的监测剖面捕捉到台风暴潮造成的海岸侵蚀(表10－3)。从监测结果可以看出台风大浪造成的侵蚀是强烈的,平均岸线蚀退速率为 7.6 m/a,远远大于长期岸线平均速率 1.5 m/a。在调查区南部的风成沙丘海岸,大浪造成的侵蚀是不可逆的,造成永久性蚀退,海岸陡坎达 5 m。

表 10 －3　9711 台风造成的海岸侵蚀

剖面号	岸线标志	岸线距标志桩的距离(m)		岸线变化距离(m)	备　注
		台风前	台风后		
P2	风成沙丘侵蚀陡坎	16.2	10.7	5.5	陡坎高 1.4 m
P3	风成沙丘侵蚀陡坎	10.8	5.9	4.9	陡坎高 1.8 m
P4	滩肩顶	28.9	14.8	14.1	陡坎高 0.8 m
P5	风成沙丘侵蚀陡坎	20.3	13.8	6.5	陡坎高 1.8 m
P6	风成沙丘侵蚀陡坎	19.6	14.8	4.8	陡坎高 1.8 m
P9	风成沙丘侵蚀陡坎	12.3	2.8	9.5	陡坎高 1.2 m
P10	风成沙丘侵蚀陡坎	12.6	2.3	10.3	陡坎高 1.2 m
P11	风成沙丘侵蚀陡坎	10.3	6.0	4.3	陡坎高 1.5 m
P13	风成沙丘侵蚀陡坎	26.5	25.2	1.1	陡坎高 4 m
P14	滩肩顶	29.7	21.0	8.7	
P16	滩肩顶	10	0	10	陡坎高 1 m
P17	沙坝前缘陡坎	11	4.5	6.5	陡坎高 1.2 m
P21	滩肩顶	23.7	11.4	12.3	
P23	滩肩顶	14	5.0	9.0	

10.5.3　防护对策

(1)硬质海岸工程防护:抵制海岸线后退或消减沿岸波能量,如修建防波墙、突堤、潜堤等;

(2)软质海岸工程防护:采用模拟海岸系统特征的方法抵御海岸侵蚀,如填沙护滩、建造防护林带、生物护岸等措施;

(3)海岸侵蚀防护工作不仅应该注重实际防护措施,更应该加强人们的海岸保护意识,树立防灾观念,使人们深切意识到海岸侵蚀对人们生产、生活以及经济发展的重要影响。制定合理的海岸开发利用规划和严格的保滩护岸法规,加强执法力度,保证各种规章制度的顺利执行。对于非法占用海滩、海岸采砂以及各种违章海岸工程等进行严厉禁止。

针对日照砂质海岸侵蚀,应致力于改造海岸带环境,兼以少数工程防护。由于从长时间来看海岸工程建筑对海岸的危害可能会超过其带来的收益,且海岸工程建筑耗费巨大,所以在未来的海岸防护过程中应该尽量利用自然规律来解决海岸侵蚀的问题,减少人为对海岸的破坏,并加强人们的海岸保护意识。

10.6 埋藏下切谷

研究区海域地形相对平缓,浅地层剖面调查显示调查区海底被全新世和末次冰期形成的沉积物覆盖,无明显的基岩出露,未见活动断层错断表层沉积物的现象,也没有典型的海底滑坡、沙土液化等地质灾害类型。但浅地层剖面和水深地形调查揭示了水下埋藏下切谷、海底侵蚀等不良地质现象,另外日照港附近的抛泥区面积较大,地形起伏明显,这些现象应该在工程地质环境评价中给予足够的关注。

埋藏下切谷可能是古河道,也可能是潮汐汊道,按其断面形态特征可分为对称型、不对称型、U型、V型等类型。不管哪种类型的埋藏下切谷,其中的充填沉积物层都具有沉积构造复杂、结构多变的性质,因而土层的物理、力学性质也具有复杂多变的特征,为不良工程地质因素,给海岸和海洋工程的桩基稳定性带来不稳定因素,处理不当有可能造成巨大损失(孔祥淮等,2012)。

研究区埋藏下切谷主要分布在 U2 地层单元中,顶底界面的埋深分别为 14.3~38.3 m 和 18~48 m,在研究区的分布较广(图 10-17 至图 10-19),在地震剖面上,下切谷的宽度变化范围较大,窄的约 200~500 m,宽的可达 3~5 km,最大下切深度可达 20 m。推测为末次冰期低海面时河流或潮流侵蚀形成,可能为 MIS2,甚至可能为 MIS2-MIS4 较长地质时期作用形成。

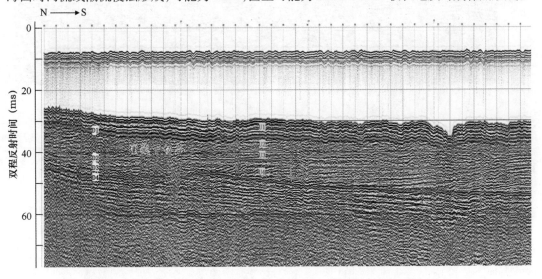

图 10-17 V 型和 U 型埋藏下切谷(RZL07 剖面,横轴标记线间距约 500 m)

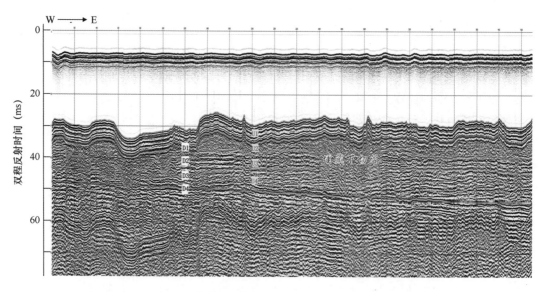

图 10-18 U 型不对称埋藏下切谷(RZ08 剖面,横轴标记线间距约 500 m)

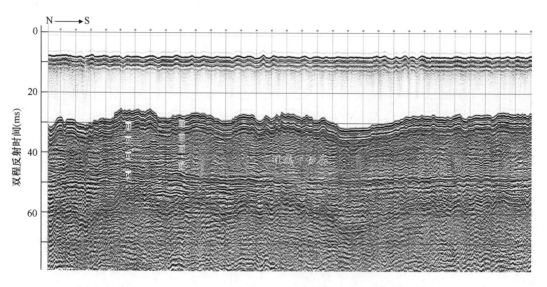

图 10-19 不对称复合型埋藏下切谷(RZL04 剖面,横轴标记线间距约 500 m)

10.7 海底侵蚀

海底侵蚀是海底受到较强的海洋动力作用发生的沉积物被剥蚀的现象,表现为海底地形起伏急剧、表层沉积物厚度薄、下伏地层直接出露在海底。坎坷不平的海底,可能导致海底管线不均匀受力,或管线敷设后在海流的作用下造成局部侵蚀,导致破坏。海底侵蚀对其他的海底工程设施也会造成不利的影响,如海底构筑物的基部淘蚀、地基破坏等。

　　海底侵蚀在研究区的东部和南部海域分布最广,对应于残留沉积物分布区。由于沉积速率低,晚更新世末期至全新世初低海面时期的沉积地层不同程度地出露在海底,形成坎坷不平的海底(图 10-20 至图 10-22)。在强潮流经过的地方,由于水流的冲刷而形成沟槽,海底地形呈线性分布,底部为凹形冲刷面,有的沟槽内无充填物,表明冲刷还在进行(图 10-23、图 10-24)。冲刷槽的宽度在 1~3 km 之间,最大的地形起伏可达 8 m。

　　Lewis(1971)认为,在开阔海区,坡度为 1°~4°的水下斜坡上便可能产生诱发性地层滑塌。而在那些沉积速率很大的三角洲沉积环境下,产生地层滑塌的临界角度可以减小至 0.01°。本区的海底冲刷沟槽边坡最大坡度在 0.6°~1°(图 10-23、图 10-24)。在海浪和地震

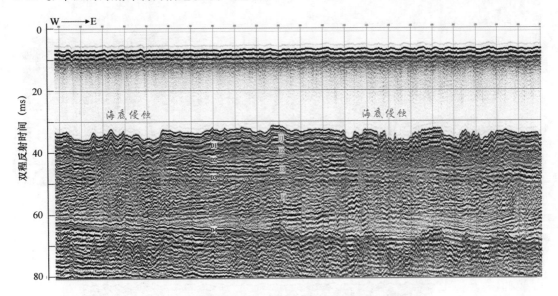

图 10-20　海底侵蚀(RZ08 测线,横轴标记线间距约 500 m)

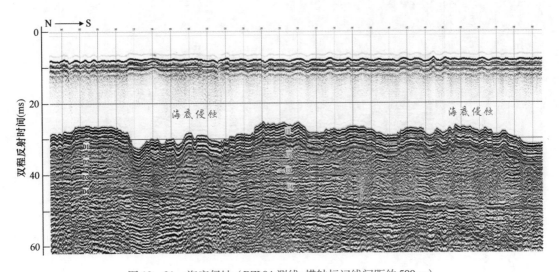

图 10-21　海底侵蚀(RZL04 测线,横轴标记线间距约 500 m)

等因素的影响下,有可能产生地层滑塌,给海底工程带来危害。陡坎除了具有潜在的滑坡危险以外,较大的坡度本身对海底管线的敷设和维修都会造成很大困难(孔祥淮等,2012)。

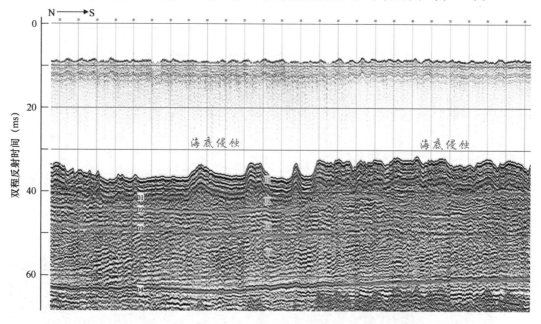

图 10 - 22　海底侵蚀(RZL08 测线,横轴标记线间距约 500 m)

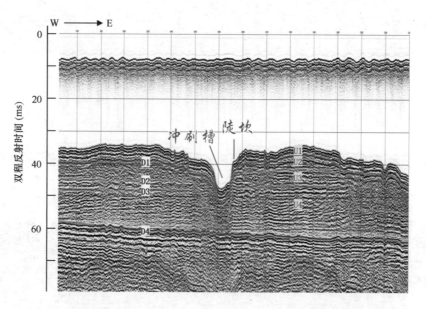

图 10 - 23　海底冲刷沟槽和陡坎(RZ04 测线,横轴标记线间距约 500 m)

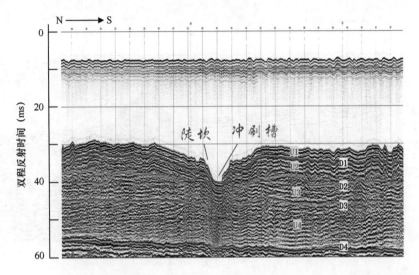

图 10 - 24 海底冲刷沟槽和陡坎(RZL07 测线,横轴标记线间距约 500 m)

10.8 抛泥区

抛泥是港口和航道的疏浚物质在海底的堆积,为人工堆积物,与海底周边沉积物类型有较大的区别,沉积物混杂,与海洋动力不平衡,一般容易在海洋动力的作用下发生再搬运和再沉积,在强的动力作用下易产生次生灾害。在日照港外 15 m 等深线处有一个抛泥区,东西向长约 1.5 km,南北方向长约 2.5 km,在浅地层剖面上表现为内部声学信号杂乱,无明显的地层结构(图 10 - 25、图 10 - 26)。岚山港外的抛泥区也大致在水深 15 m 的位置,规模较日照港的略小。

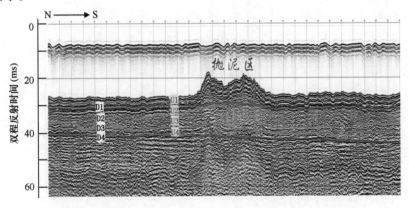

图 10 - 25 日照港外海底抛泥区(RZL04 测线,横轴标记线间距约 500 m)

抛泥区的地形起伏明显,最大地形起伏近 10 m,边坡陡峭。边坡的最大坡度可达3°~4°,很容易在强浪或地震的诱发下发生滑坡和坍塌,应避免在其附近进行工程建设。另外抛泥区的沉积物为港口和航道的疏浚物,重金属元素的含量高,易导致环境污染。

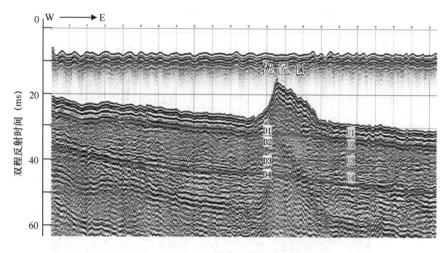

图 10-26　日照港外海底抛泥区(RZ04 测线,横轴标记线间距约 500 m)

10.9　地质灾害综合评价

10.9.1　地质灾害易发性分区

10.9.1.1　分区原则

地质灾害形成的条件非常复杂,因此,在地质灾害易发性分区评价时,所涉及的内容非常广泛。在这种情况下,如果将所有反映地质灾害形成条件的因素都纳入分析之中,不但不可能,也没有必要。为了使分析过程可行及适应分析需要,在进行地质灾害易发区划分时遵循以下原则。

1)定量评价与定性评价相结合的原则

地质灾害易发程度分区主要依据地质灾害形成发育的地质环境条件(包括地形地貌、地层岩性、地质构造等)及致灾动力因素(人类活动、降雨、地震等)等影响因素,结合地质灾害发育现状、程度,采用定量化评价与定性评价相结合的方式进行。根据定量计算结果,经定性修正后将研究区划分为地质灾害高易发区、中易发区、低易发区和非易发区四级(表 10-4)。

2)超前预测的原则

随着研究区经济社会的快速发展和城市化水平的提高,基础建设不断加快,资源开发力度加大。鉴于此,将因采石修路等开挖山体边坡可能引发崩塌、滑坡、泥石流等灾害的区域,通过综合分析亦化为地质灾害易发区。

3)相似性与相异性结合原则

即"区内相似,区际相异"原则,在区划中,将基本条件相似的单元划分为一个区,而基本条件相异的单元化作不同的区。

表 10 – 4 地质灾害易发区分级主要特征简表

灾种	易发区划分			非易发区
	高易发区	中易发区	低易发区	G = 1
	G = 4	G = 3	G = 2	
滑坡、崩塌	构造抬升剧烈,岩体破碎或软硬相间;黄土垄岗细梁地貌,人类活动对自然环境影响强烈;暴雨型滑坡,规模大,高速远程	红层丘陵区、坡积层、构造抬升区,暴雨久雨,中小型滑坡,中速,滑程远	丘陵残积缓坡地带,冻融滑坡;规模小,低速蠕滑;植被好,顺层滑动	缺少滑坡形成的地貌临空条件,基本上无自然滑坡,局部溜滑
泥石流	地形陡峭,水土流失严重,形成坡面泥石流;数量多,10 条沟/20 km 以上,活动强,超高频,每年暴发可达 10 次以上;沟口堆积扇发育明显完整、规模大;排泄区建筑物密集	坡面和沟谷泥石流,6 ~ 10 条沟/20 km;强烈活动,分布广,活动强,淹没农田,堵塞河流等;沟口堆积扇发育且具一定规模;排泄区建筑物多	坡面和沟谷泥石流均有分布,3 ~ 5 条沟/20 km;中等活动;沟口有堆积扇,但规模小;排泄区基本通畅	以沟谷泥石流为主,物源少,排导区通畅;1 ~ 2 条沟/20 km,多年活动一次;沟口堆积扇不明显;排泄区通畅
岩溶塌陷和采空区塌陷	碳酸盐岩岩性纯,连续厚度大,出露面积较广;地表洼地、漏斗、落水洞、地下岩溶发育,多岩溶大泉和地下河,岩溶发育深度大;灾害点密度≥1 个/km²,地面塌陷或地裂缝破坏面积≥1 000 m²/km²	以次纯碳酸盐岩为主,多间夹型;地表洼地、漏斗、落水洞,地下岩溶发育,岩溶大泉和地下河不多,岩溶发育深度不大;灾害点密度为 0.1 ~ 1 个/km²,地面塌陷或地裂缝破坏面积为 500 ~ 1 000 m²/km²	以不纯碳酸盐岩为主,多间夹型或互夹型;地表洼地、漏斗、落水洞、地下岩溶发育稀疏;灾害点密度为 0.05 ~ 0.1 个/km²,地面塌陷或地裂缝破坏面积 100 ~ 500 m²/km²	以不纯碳酸盐岩为主,多间夹型或互夹型;地表洼地、漏斗、落水洞、地下岩溶不发育;灾害点密度为 0 ~ 0.05 个/km²,地面塌陷或地裂缝破坏面积为 <100 m²/km²

10.9.1.2 划分方法

本次地质灾害调查与区划,通过采用"地质灾害综合危险性指数法"对区内地质灾害进行评价。具体方法如下。

1)单元网格划分

运用栅格数据处理方法对研究区进行剖分,每个单元为 1 km × 1 km ~ 3 km × 3 km。对地质条件变化不大的地区,单元网格可取高限;地质条件复杂或需详细研究的地区,单元网格取低限。

2)计算方法

地质灾害综合危险性指数的计算方法:

$$Z = Z_q \cdot r_1 + Z_x \cdot r_2 \qquad (10-1)$$

式中,Z 为地质灾害综合危险性指数;Z_q 为潜在地质灾害强度指数;r_1 为潜在地质灾害强度权值,此处根据实际情况取 0.6;Z_x 为现状地质灾害强度指数;r_2 为现状地质灾害强度权值,此处根据实际情况取 0.4。

3)潜在地质灾害强度指数计算

潜在地质灾害强度指数(Zq)按以下公式计算:

$$Z_q = \sum T_i \cdot A_i = D \cdot A_D + X \cdot A_x + Q \cdot A_Q + R \cdot A_R \qquad (10-2)$$

式中,T_i 分别为控制评价单元地质灾害形成的地质条件(D)、地形地貌条件(X)、气候植被条件(Q)、人为条件(R)充分程度的表度分值,各评价指标的选取与评判标准依据具体情况而定;A_i 分别为各形成条件的权值,根据实际情况分配。

4)现状地质灾害强度指数计算

$$Z_x = \sum L_i \cdot B_i \qquad (10-3)$$

式中,Z_x 为现状地质灾害强度指数;L_i 为分别为评价单元地质灾害规模(G)、分布密度(M)、活动频次(P)、险情(W)的标度分值;B_i 为反映评价单元地质灾害强度指数计算参数的权值。

5)地质灾害综合危险性指数

根据各单元的地质、地形地貌、气候以及人类工程活动等条件(上述判别方法),利用MAPGIS 空间分析功能,求取评价单元的潜在地质灾害强度指数与现状地质灾害强度指数,分级赋值进行换算叠加,获得评价单元的地质灾害综合危险性指数。

6)地质灾害易发区划分

依据地质灾害综合危险性指数,结合研究区实际情况,考虑各项致灾因素,合并相同单元格,划定地质灾害易发区。

10.9.1.3 易发区划分

根据上述划分原则、方法,结合研究区各类地质灾害形成、发育的地质环境条件,进行地质灾害易发性分区。本次评价结果是在充分利用山东省地质矿产勘查开发局第八地质大队《山东省日照市东港区1:5 万地质灾害调查报告》和青岛地质工程勘察院《山东省日照市岚山区1:5 万地质灾害调查成果报告》的成果资料,结合野外调查的基础上进行的。将研究区划分为高易发区(A)、中易发区(B)、低易发区(C)、不发育区(D)四个地质灾害区(表10 - 5、图10 - 27)。

表10 - 5   研究区地质灾害易发区划分一览表

易发区代号	地质灾害类型	分布范围	面积(km²)	灾害点(处)
地质灾害高易发区(A)	崩塌、滑坡、泥石流	岚山区虎山镇、岚山头街办、安东卫街办境内	5.74	3
地质灾害中易发区(B)	崩塌、地面塌陷	岚山区虎山镇境内	8.53	2
地质灾害低易发区(C)	崩塌、泥石流	秦楼街道办事处东南、北京路街办东南和河山镇西北部	106.98	4
地质灾害非易发区(D)	无	东部沿海的大部分区域	598.72	0

1)地质灾害高易发区(A)

主要分布在岚山区虎山镇、岚山头街办、安东卫街办境内,与地形地貌、大气降水、地质构造和人类工程活动等因素密切相关。该区主要地质灾害类型为崩塌、滑坡、泥石流。地质灾害高易发区总面积5.74 km²,占全区总面积的0.80%。

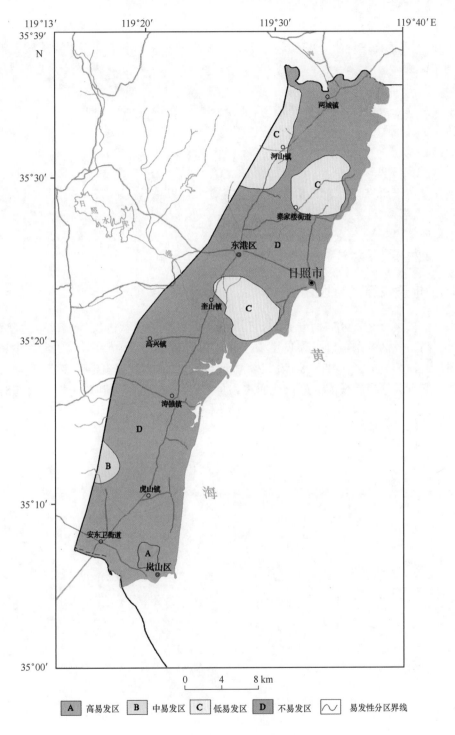

图 10－27　研究区陆域地质灾害易发性分区

2）地质灾害中易发区（B）

主要分布在研究区南部岚山区虎山镇境内，总面积 8.53 km^2，占全区总面积的 1.18%。根据调查，该区潜在的地质灾害点 2 处，其中已发生地质灾害点 1 处。主要地质灾害类型为崩塌、地面塌陷。

3）地质灾害低易发区（C）

主要分布在秦楼街道办事处东南、北京路街办东南和河山镇西北部，总面积 106.98 km^2，占全区总面积的 14.86%。根据调查，共发现地质灾害点 4 处。主要地质灾害类型为崩塌、泥石流。

4）地质灾害非易发区（D）

该区分布于研究区东部沿海的大部分区域，面积总计 598.72 km^2，占全区总面积的 83.16%。东部沿海属于海蚀海积平原区，地势平稳，植被覆盖率高，未发现灾害点。因此该区定为地质灾害非易发区。但随着经济的发展，修路、开矿等人类工程活动会越来越频繁，因此该区域内不应忽视灾害的发生，要随时做好防治措施。

10.9.2　地质灾害危险性评价

根据地质灾害易发区的划分，结合日照市海岸带建设现状进行地质灾害危险性评估。地质灾害高易发区的东山村南滑坡，地质灾害危险性评估为危险性大；地质灾害中易发区的梭罗树村北地面塌陷，危险性中等；地质灾害低易发区的崩塌、泥石流隐患点，危险性小。在城市建设和重大项目建设前需进行地质灾害危险性评估，以减轻和避免地质灾害对工程建设的影响。

11 土壤及海底表层沉积物环境质量评价

地球环境由岩石圈、水圈、土壤圈、生物圈和大气圈构成,土壤既是各圈层相互作用的产物,又是各圈层物质循环与能量交换的枢纽。受自然和人为作用,内在或外显的土壤状况称之为土壤环境。研究区土壤类型分布有棕壤土、潮土、盐土和风成沙土等。

海岸带处于陆地和海洋的接合部,海陆相互作用活跃,人类开发活动密集,环境影响因素日趋复杂,物质和能量的聚集与转换远比其他区域迅速。重金属等污染物质随自然风化及人类活动的产物通过河流、海洋动力和大气的搬运并累积于此,使海岸带成为这些污染物质的重要归宿之一。重金属元素除了直接对海岸带生物产生作用及通过食物链影响人类健康外,还会由于水动力和生物活动的影响,造成重金属的重新分布和释放,产生"二次污染",直接危害海岸带环境。

环境中重金属元素有好多种,本研究测定了 As、Cd、Cr、Cu、Hg、Ni、Pb、Zn 共 8 种重金属的全含量,主要是考虑人体过量地摄入这些重金属产生的危害很大,此外这些重金属元素在我国土壤环境质量标准中有明确的标准可以参考,以便于进行现状评价(张磊等,2004)。

值得强调的是,重金属元素在陆域和海洋中有不同的赋存机制和表现形态,取样和实验处理分析技术也有差别,不能简单地进行直接对比。但为了综合评价海岸带地区自然风化、流域污染物通过河流的输入以及海岸带点源污染排放等多种因素的共同作用,评估自然和人为活动的影响,本书将陆域和海域沉积物重金属的调查结果综合绘制到一张图件中,以便于开展区域的对比研究。

11.1 重金属元素区域分布特征

11.1.1 各元素的频率分布

根据《1:5 万地球化学普查规范》(DZ/T 0011 – 91),绘制了各重金属元素的频率分布直方图。为便于对比研究,直方图含量坐标一律取对数(图 11 – 1)。

调查区内所测的 8 个重金属元素,基本呈单峰分布,大部分服从对数正态分布或近似对数正态分布,说明这些元素分布均匀,离散程度较低。至于少数元素不符合常态,分析有以下原因:土壤和沉积物本身的因素、取样因素、分析误差等,但对研究区内的地球化学特征影响不大。其中,n 为样品数量,$\overline{X}$ 为剔除高值后的平均值,S 为标准离差,CV 为变差系数。

11.1.2 各元素区域分布特征

为了解研究区土壤重金属元素的分布规律,根据《1:5 万地球化学普查规范》(DZ/T

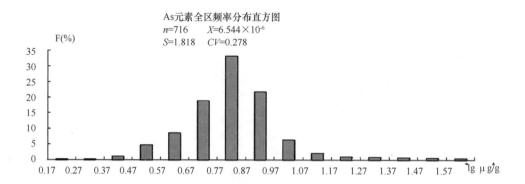

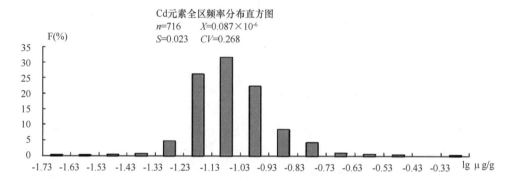

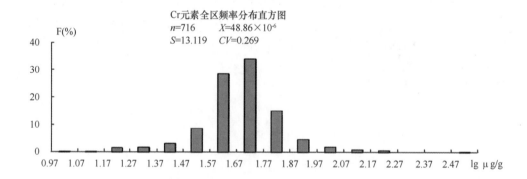

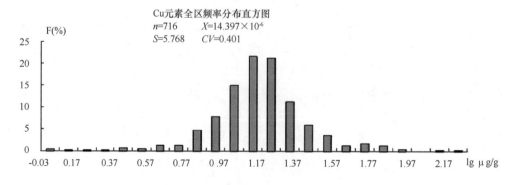

图 11-1　各元素全区频率分布直方图(1)

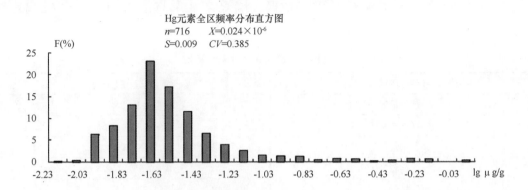

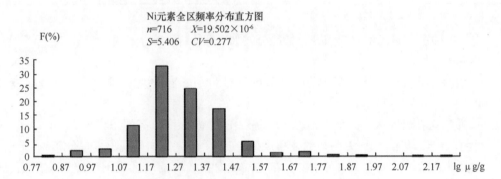

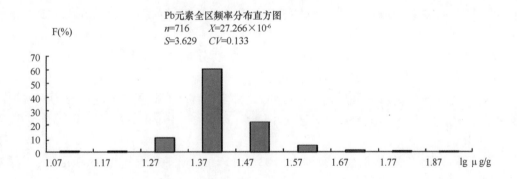

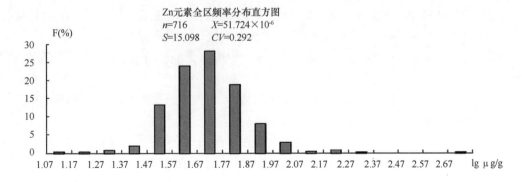

图 11-1　各元素全区频率分布直方图（2）

0011 - 91),将绘制单元素地球化学图的数据,剔除特高值后,求出平均值 $\overline{X}$ 及标准离差值 S,参照表 11 - 1 所示的间隔划分色区。

表 11 - 1　地球化学图着色标准

色区着色(区名)	元素含量范围(μg/g)
蓝(低值区)	$< X - 2S$
浅蓝(低背景区)	$X - 2S \sim X - 0.5S$
浅黄(背景区)	$X - 0.5S \sim X + 0.5S$
淡红(高背景区)	$X + 0.5S \sim X + 2S$
深红(高值区)	$> X + 2S$

现将 8 种重金属元素的空间分布特征分述如下(图 11 - 2)。

1)As(砷)

As 元素在研究区的含量变化范围为 1.60 ~ 41.00 μg/g,平均含量为 6.54 μg/g,变异系数为 28.0%(剔除高、低值后)。

As 元素在在研究区内的分布情况大体呈现出陆域低、海域高的态势。

低值区(< 2.9 μg/g):无明显的分布规律,在整个研究区内呈现出零星分布。

低背景区(2.9 ~ 5.6 μg/g):主要分布在陆域海拔较高的山区周围(如丝山、河山、虎山等),土质好。

背景区(5.6 ~ 7.5 μg/g):陆域区内广泛分布,土质较好;海域主要分布在小于 5 m 水深范围内。

高背景区(7.5 ~ 10.2 μg/g):分布区域较少,主要分布在两城南—河山东部、日照老城区、涛雒西北—高兴镇;海域 5 ~ 10 m 水深区域。

高值区(> 10.2 μg/g):陆域内零星分布,北部多,南部少,面积较大的主要为两城镇南部青岗沟一带、河山镇东部、日照老城区十里铺等;海域大于 10 m 水深区域广泛分布。

2)Cd(镉)

Cd 元素在研究区的含量变化范围为 0.02 ~ 0.57 μg/g,平均含量为 0.09 μg/g,变异系数为 27.0%(剔除高、低值后)。

Cd 元素在研究区内的分布情况大体呈现出陆域城区高、郊区低,海域中间低、两边高的特点。

低值区(< 0.04 μg/g):分布区域很少,主要在海域呈点状分布。

低背景区(0.04 ~ 0.08 μg/g):研究区北部、中南部大面积分布,海域主要分布在奎山嘴—岚山头一带。

背景区(0.08 ~ 0.10 μg/g):主要分布在两城镇、日照城区、涛雒镇、虎山镇靠近城区一带,海域主要分布在奎山嘴以北。

高背景区(0.10 ~ 0.13 μg/g):主要集中分布于岚山城区、梭罗树矿区、涛雒养殖区、日照城区以及两城镇青岗沟一带;海域主要分布在岚山头东部大于 15 m 水深海域;其他区域呈零星分布,没有规律。

高值区(> 0.13 μg/g):主要集中分布于高背景区内人类工程活动影响较大的地区,如

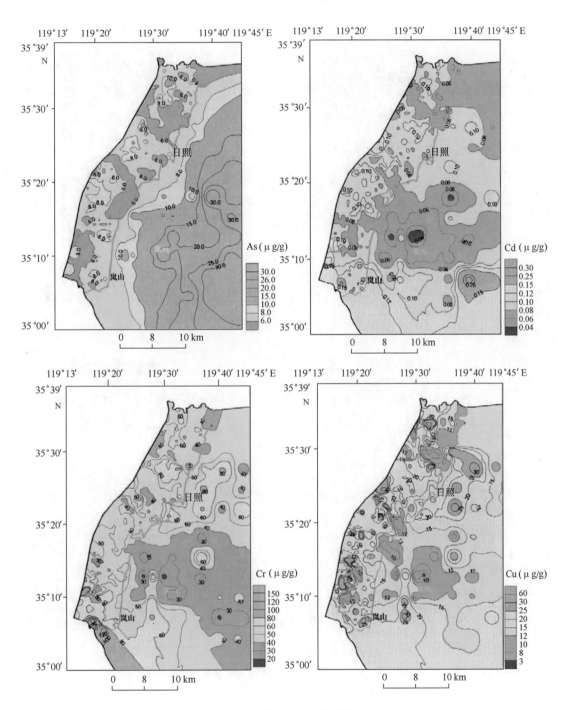

图 11 - 2　重金属元素地球化学分布(1)

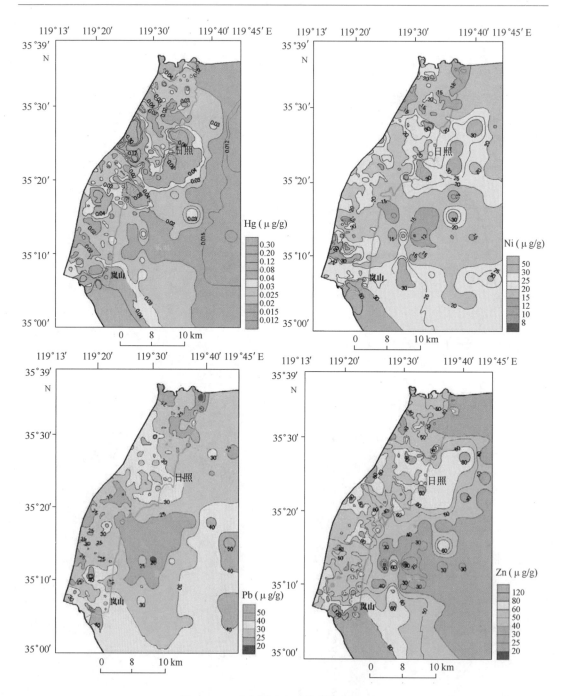

图 11-2　重金属元素地球化学分布(2)

岚山安东卫街道驻地、岚山头街道驻地、梭罗树采石场内。

3) Cr(铬)

Cr 元素在研究区的含量变化范围为 9. 80 ~ 298. 10 μg/g,平均含量为 48. 86 μg/g,变异系数为 27. 0%(剔除高、低值后)。

Cr 元素在研究区内的分布总体呈现陆域北部低、南部高、海域中间低、两头高的特点。

低值区(< 22.62 μg/g):呈点状零星分布,密集带主要分布在受人类活动影响较小的山区。

低背景区(22.62～42.30 μg/g):主要分布于河山西部、两城河入海口、日照城区南部一带,海域主要分布在奎山嘴—韩家营子一带近岸海域。

背景区(42.30～55.42 μg/g):在研究区北部、中部、中南部广泛分布,海域内南部呈片状分布,北部呈带状分布。

高背景区(55.42～75.10 μg/g):集中分布于两城镇青岗沟、秦楼街道、安东卫街道、虎山梭罗树一带,海域主要分布于奎山嘴—山海天一带 0～15 m 水深区域,呈带状分布。

高值区(>75.10 μg/g):主要分布于南部安东卫汾水—车庄、虎山镇西部采石场一带,北部零星分布;海域呈带状分布于奎山嘴—山海天 10～15 m 水深区域内。

4)Cu(铜)

Cu 元素在研究区的含量变化范围为 1.00～148.90 μg/g,平均含量为 14.40 μg/g,变异系数高达 40.0%(剔除高、低值后)。

Cu 元素在研究区内的分布情况大体呈现陆域北低南高、东低西高,海域中间高、两头低的态势。

低值区(<2.86 μg/g):无明显的分布规律,且分布区域很少,呈零星分布。

低背景区(2.86～11.51 μg/g):主要分布在丝山—两城森林公园、奎山嘴、虎山镇一带,海域主要分布于奎山嘴—西潘村一带近岸海域。

背景区(11.51～17.28 μg/g):陆域呈带状、点状零星分布,海域主要分布在中东部。

高背景区(17.28～25.93 μg/g):区域内广泛分布,说明研究区内受 Cu 元素影响较大,含量偏高。

高值区(>25.93 μg/g):在研究区北部、中部、南部均有分布,主要呈点状或带状分布;海域内主要分布在日照港和岚山港附近海域。

5)Hg(汞)

Hg 元素在研究区的含量变化范围为 0.01～0.98 μg/g,平均含量为 0.02 μg/g,变异系数高达 38.0%(剔除高、低值后)。

Hg 元素在研究区内的分布情况呈现城区高、郊区低,陆域高、海域低的特点。

低背景区(<0.02 μg/g):主要分布在丝山、河山、虎山一带,海域主要分布于大于 15 m 水深区域以及奎山嘴—西潘村浅海区域。

背景区(0.02～0.03 μg/g):区域内广泛分布,含量较低,土质较好。

高背景区(0.03～0.04 μg/g):集中分布于两城镇、河山镇、日照城区、涛雒镇、岚山城区等城区附近,受人类活动影响明显;海域主要分布在日照城区、岚山港等近海区域。

高值区(>0.04 μg/g):主要集中分布高背景区区域内,呈大面积分布。

6)Ni(镍)

Ni 元素在研究区的含量变化范围为 6.00～170.90 μg/g,平均含量为 19.50 μg/g,变异系数为 28.0%(剔除高、低值后)。

Ni 元素在研究区内的分布情况大体呈现出中间低,两边高的态势。

低值区(<8 μg/g):分布区域较少,陆域和海域各分布 1 个点。

　　低背景区(8～15 μg/g):面积较小,主要集中分布在森林公园、河山、丝山等区域,海域主要零星分布在涛雒近海 15 m 以浅水深区域内。

　　背景区(15～20 μg/g):区域内广泛分布,主要分布在受人类活动影响较小的农田、山林范围内,海域主要分布在奎山嘴—西潘村区域内。

　　高背景区(20～30 μg/g):主要分布在两城镇驻地、日照城区、奎山镇驻地、涛雒镇驻地、虎山镇以及岚山城区,海域主要分布在奎山嘴以北和岚山头以南 10～20 m 水深区域。受人类活动影响较大,含量较高。

　　高值区(>30 μg/g):南部主要分布在虎山镇、岚山头呈块状分布,北部分布较少,呈点状零星分布。海域主要分布在奎山嘴以北 10～15 m 水深区域。

　　7)Pb(铅)

　　Pb 元素在研究区的含量变化范围为 11.80～165.10 μg/g,平均含量为 27.27 μg/g,变异系数为 13.0%,含量变化相对较小(剔除高、低值后)。

　　Pb 元素在研究区内的分布情况呈现出陆地城区高、郊区低,海域西部高、东部低的态势。

　　低值区(< 20 μg/g):分布不集中,呈点状分布。

　　低背景区(20～25 μg/g):主要集中分布于两城镇西、丝山、高兴镇—牟家小庄、梭罗树村等,海域主要分布于夹仓—西潘村 2～15 m 水深区域内。

　　背景区(25～30 μg/g):研究区北部、中南部,小于 15 m 水深区域内广泛分布。

　　高背景区(30～40 μg/g):主要分布于河山西南部、日照城区、涛雒北部、虎山北部、安东卫—岚山头一带,海域主要分布于大于 15 m 水深区域内。

　　高值区(>40 μg/g):呈点状分布河山西南部、日照城区、涛雒北部、虎山北部、安东卫—岚山头一带,海域主要分布于 20 m 等深线附近。

　　8)Zn(锌)

　　Zn 元素在研究区的含量变化范围为 12.20～517.80 μg/g,平均含量为 51.72 μg/g,变异系数为 29.2%(剔除高、低值后)。

　　Zn 元素在研究区内的分布情况呈现城区高、两边低的态势。

　　低值区(<20 μg/g):分布不集中,在研究区的近海及海域内有零星分布;

　　低背景区(20～40 μg/g):主要集中分布于北部近海、河山西部,涛雒、虎山零星分布;海域主要分布于 10 m 水深线以东。

　　背景区(40～60 μg/g):广泛分布于研究区农田、山林以及 10 m 等深线以西区域。

　　高背景区(60～80 μg/g):主要集中分布于日照城区及附近海域、岚山城区及附近海域,受人类活动影响较大,含量较高。

　　高值区(>80 μg/g):在日照城区、岚山城区及附近海域内呈点状分布。

11.2　土壤环境质量评价

　　评价依据《土壤环境质量标准》(GB15618—1995)和《土壤环境监测技术规范》(HJ/T 166 - 2004)进行(表 11 - 2)。该标准根据土壤应用功能和保护目标,将土壤环境质量分为三类。研究区内主要为一般农田、茶园、果园等,属于二类土壤环境质量,执行二级标准。

表 11 – 2　土壤环境质量标准　　　　　　　　　　单位:mg/kg

级别 土壤 pH 值 项目		一级	二级			三级
		自然背景	<6.5	6.5~7.5	>7.5	>6.5
镉	≤	0.20	0.30	0.30	0.60	1.0
汞	≤	0.15	0.30	0.50	1.0	1.5
砷	水田 ≤	15	30	25	20	30
	旱田 ≤	15	40	30	25	40
铜	农田 ≤	35	50	100	100	400
	果园 ≤	—	150	200	200	400
铅	≤	35	250	300	350	500
铬	水田 ≤	90	250	300	350	400
	旱田 ≤	90	150	200	250	300
锌	≤	100	200	250	300	500
镍	≤	40	40	50	60	200
六六六	≤	0.05	0.50			1.0
滴滴涕	≤	0.05	0.50			1.0

土壤环境质量评价包括评价因子的选取、单因子评价和现状评价三个方面。

11.2.1　评价因子的选取和评价方法

按照土壤环境质量标准,选取铅、锌、镉、汞、砷、铬、铜、镍共 8 种评价因子。

评价方法首先采用单因子评价,计算模型为:

$$P_i = \frac{C_i}{S_i} \tag{11-1}$$

式中,P_i 为 i 污染物的单项污染指数;C_i 为 i 污染物的实测值;S_i 为 i 污染物的标准值。

综合评价采用内梅罗(N. L. Nemerow)污染指数式,它反映了各污染物对土壤的作用,同时突出了高浓度污染物对土壤环境质量的影响,计算模型为:

$$P = \sqrt{\frac{\overline{P}^2 + P_{max}^2}{2}} \tag{11-2}$$

式中,P 为土壤污染物指数;$\overline{P}$ 为土壤中各污染物分值 P_i 的平均值;P_{max} 为土壤中各污染物分值 P_i 的最大值。

$$\overline{P} = \frac{1}{n} \sum_{i=1}^{n} P_i \tag{11-3}$$

式中,n 为土壤中污染物的种类。

11.2.2　土壤单项污染指数评价

根据研究区陆域土壤类型和种植条件,采取 666 件土壤样品进行测试,依照单因子评价公式计算得出 8 种重金属元素单项污染指数。海域沉积物污染评价在 11.3 节详述,单因子污染指数结果见表 11−6,在此与陆域土壤单因子评价结果一并成图(图 11−3)。

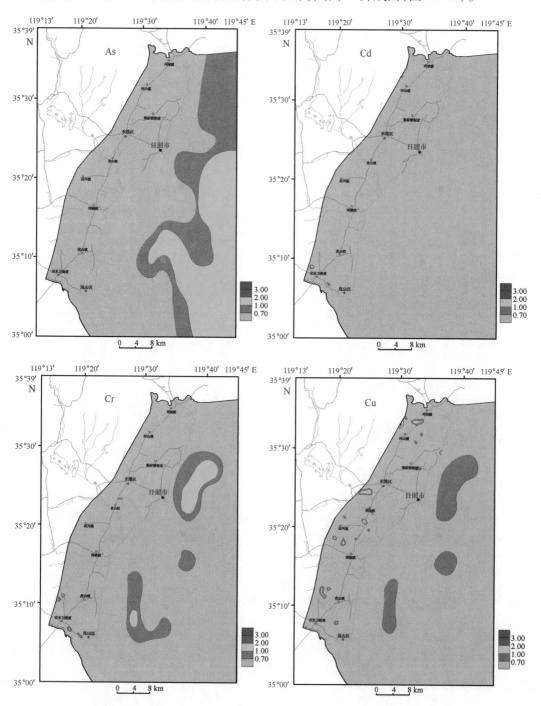

图 11−3　重金属元素单项污染指数分区(1)

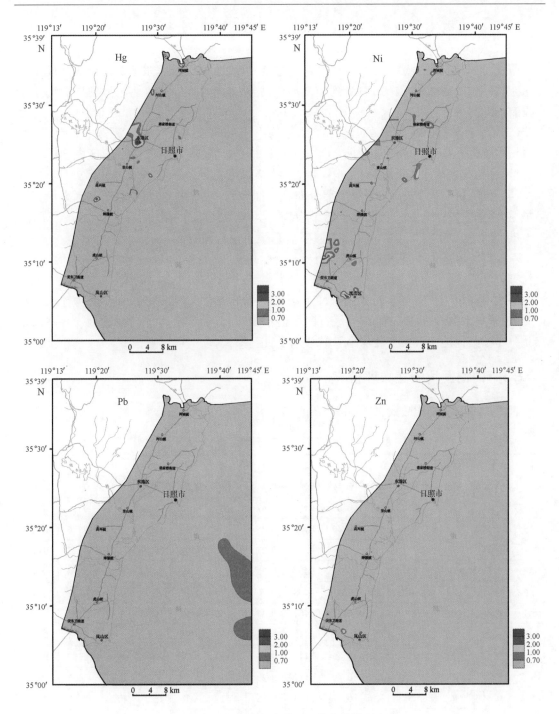

图 11-3 重金属元素单项污染指数分区(2)

As 元素:研究区陆域 As 元素污染指数均小于 1,没有受到明显污染。海域则有 30% 的站位超出一类水质标准,主要集中在研究区东南海域,可能与近海高 As 背景值有关。但污染指数均小于 2。

Cd 元素:研究区陆域 Cd 元素仅有岚山区虎山镇陈家湖一处受污染,其他地区污染指数均小于1,没有受此污染。

Cr 元素:研究区陆域 Cr 元素仅有 3 处受污染,分别为岚山区安东卫街道李庄和虎山镇前水东沟一带。海域有 5 个站位受到轻微污染,指数小于 1.1。其他地区污染指数均小于1,没有受此污染。

Cu 元素:研究区大部分 Cu 元素污染指数均小于 1.0,没有受污染。污染指数大于 1.0的区域主要分布在 204 国道以西,呈点状分布。面积较大的区域主要为岚山区虎山镇桂山头、日照城西孔家胡子、两城镇青岗沟一带。海域污染指数均小于1,没有受此污染。

Hg 元素:研究区 Hg 元素污染主要分布在日照城西、两城镇北,其中日照城西十里铺污染最重,污染指数达 3.14。其他地区污染指数均小于1,没有受此污染。

Pb 元素:研究区 Pb 元素污染指数均小于1,没有受此污染。

Zn 元素:研究区 Zn 元素仅有安东卫村一处受污染,其他地区污染指数均小于1,没有受此污染。

Ni 元素:研究区 Ni 元素污染指数较大区域主要分布在岚山区安东卫街道绣针河入海口、虎山镇前水东沟—梭罗树、东港区石臼街道小山后、秦楼街道大洼、两城镇城南一带,呈点状分布。其他地区污染指数均小于1,没有受此污染。

11.2.3　内梅罗污染指数评价

根据内梅罗污染指数式,计算得出 P 值(表 11 - 3)。

表 11 - 3　日照市海岸带土壤环境质量评价 P 值计算结果

编号	P	编号	P	编号	P	编号	P	编号	P	编号	P	编号	P
A1	0.39	L15	0.18	L112	0.49	R103	0.36	S7	0.29	T9	0.39	T124	0.52
A2	0.41	L16	0.18	L113	0.67	R104	0.47	S8	0.30	T10	0.72	T125	0.51
A3	0.44	L17	0.38	L114	0.40	R105	0.48	S9	0.40	T11	0.37	T126	0.29
A4	0.51	L18	0.41	L115	0.46	R106	0.28	S10	1.09	T12	0.21	T127	0.33
A5	0.53	L19	0.38	L116	0.27	R107	0.38	S11	0.48	T13	0.26	T128	0.42
A6	0.34	L20	0.42	L117	0.33	R108	0.45	S12	0.30	T14	0.20	T129	0.34
A7	0.41	L21	1.42	L118	0.27	R109	0.35	S13	0.27	T16	0.31	T130	0.37
A8	0.38	L22	0.44	L119	0.32	R110	0.44	S14	0.34	T17	0.31	T131	0.47
A9	0.63	L23	0.31	L120	0.19	R111	0.72	S15	0.26	T18	0.33	T132	0.46
A11	0.24	L24	0.33	L121	0.40	R112	0.28	S16	0.25	T19	0.34	T133	0.51
A12	0.34	L25	0.29	L122	0.27	R113	0.58	S17	0.31	T20	0.34	T134	0.53
A13	0.28	L26	0.35	L123	0.36	R114	0.37	S18	0.40	T21	0.40	T135	0.36
A14	0.46	L27	0.14	L124	0.35	R115	0.29	S19	0.31	T22	0.44	T136	0.22
A15	0.39	L28	0.12	L125	0.36	R116	0.41	S20	0.29	T23	0.29	T137	0.33
A16	0.42	L29	0.94	L126	0.36	R117	0.45	S21	0.60	T24	0.37	T138	0.37

编号	P	编号	P	编号	P	编号	P	编号	P	编号	P	编号	P
A17	0.41	L30	0.26	L127	0.34	R118	0.42	S22	0.45	T25	0.34	T139	0.42
A18	0.53	L31	0.56	L128	0.30	R119	0.36	S23	0.34	T26	0.35	T140	0.44
A19	0.43	L32	0.52	L129	0.26	R120	0.31	S24	0.25	T27	1.28	T141	0.43
A20	0.30	L33	0.49	L130	0.24	R121	0.32	S25	0.33	T31	0.49	T142	0.49
A22	0.27	L34	0.46	L301	0.33	R122	0.81	S26	0.33	T32	1.02	T143	0.50
A23	0.46	L35	0.30	L302	0.39	R123	0.48	S27	0.32	T33	0.32	T144	0.18
A24	0.79	L36	0.31	L303	0.34	R124	0.40	S28	0.30	T34	0.60	T145	0.24
A25	0.40	L37	0.33	L304	0.64	R125	0.29	S29	0.46	T35	0.27	T146	0.36
A26	0.32	L38	0.31	L305	0.53	R126	0.34	S30	0.62	T36	0.53	T147	0.36
A27	0.33	L39	0.27	L311	0.13	R127	0.50	S31	0.27	T37	0.77	T148	0.34
A28	0.28	L41	0.79	L312	0.24	R128	0.38	S32	0.44	T38	0.38	T149	0.30
A29	0.31	L42	0.33	R1	0.25	R129	0.34	S33	0.38	T45	0.33	T150	0.32
A30	0.24	L43	0.41	R2	0.25	R130	0.29	S34	0.25	T46	0.35	T152	0.92
A31	0.23	L44	0.41	R3	0.33	R131	0.43	S35	0.33	T47	1.57	T153	0.42
A32	0.44	L45	0.96	R4	0.37	R132	0.42	S36	0.29	T48	1.08	T154	0.96
A33	0.20	L46	0.36	R5	0.30	R133	0.41	S37	0.48	T49	0.38	T155	0.23
A34	0.51	L47	0.33	R6	0.30	R134	0.35	S38	0.29	T50	0.53	T156	0.50
A35	0.42	L48	0.34	R7	0.33	R135	0.44	S39	0.48	T51	0.45	T157	0.22
A36	0.34	L49	0.36	R8	0.24	R136	0.33	S40	0.37	T52	0.29	T158	0.30
A37	0.32	L50	0.33	R9	0.31	R137	0.18	S41	0.33	T53	0.38	T159	0.34
A38	0.39	L51	0.32	R10	0.32	R138	0.64	S42	1.03	T54	0.32	T160	0.38
A39	0.37	L52	0.14	R11	0.32	R139	0.39	S43	1.04	T58	0.39	T161	0.24
A40	0.39	L53	0.28	R12	0.46	R140	0.36	S44	0.32	T59	0.42	T162	1.05
A41	0.36	L54	0.43	R13	0.46	R141	0.21	S45	0.29	T60	0.33	T163	0.87
A42	0.37	L55	0.98	R14	0.47	R142	0.27	S46	0.32	T61	0.50	T164	0.43
A43	0.41	L56	0.95	R15	0.57	R143	0.25	S47	0.40	T62	0.41	T165	0.82
A44	0.33	L57	0.93	R17	0.56	R144	0.33	S48	0.46	T63	0.52	T166	0.43
A45	0.43	L58	0.39	R18	0.42	R145	0.39	S49	0.46	T64	0.48	T167	0.26
A46	0.42	L59	0.28	R19	0.38	R146	0.40	S50	0.47	T65	0.33	T168	0.30
A47	0.40	L60	0.35	R20	0.37	R147	0.73	S51	0.34	T66	0.33	T169	0.25
A48	0.41	L61	0.35	R22	0.84	R148	0.36	S52	0.32	T67	0.34	T170	0.55
A49	0.39	L62	0.45	R24	0.41	R149	0.31	S53	0.42	T68	0.24	T171	0.37
A50	0.44	L63	0.24	R25	0.50	R150	0.36	S57	0.49	T70	0.48	T172	0.41
A51	0.47	L64	0.18	R26	0.37	R151	0.40	S58	0.46	T71	0.49	T173	0.83
A52	0.93	L65	0.29	R28	0.97	R152	0.44	S59	0.40	T72	0.34	T174	0.88

续表

编号	P	编号	P	编号	P	编号	P	编号	P	编号	P	编号	P
A53	0.40	L66	0.29	R30	0.31	R153	0.29	S60	0.37	T73	0.39	T175	0.16
A54	0.46	L67	0.34	R35	0.88	R154	0.31	S61	0.42	T74	0.43	T176	0.50
A55	0.42	L68	0.57	R39	0.27	R155	0.42	S62	0.50	T75	0.48	T177	0.43
A56	0.37	L69	0.35	R46	0.24	R156	0.34	S63	0.29	T76	0.59	T178	0.53
A57	0.26	L70	0.41	R49	0.61	R157	0.35	S64	0.33	T77	0.39	T179	0.43
A58	0.36	L71	0.36	R53	2.26	R158	0.30	S65	0.34	T78	0.25	T180	0.34
A59	0.34	L72	0.32	R56	0.30	R159	1.03	S66	0.75	T79	0.19	T181	0.43
A60	0.46	L73	0.44	R58	0.55	R160	0.30	S68	0.43	T80	0.49	T182	0.41
A61	0.29	L74	0.38	R59	0.56	R161	0.37	S70	0.37	T81	0.42	T183	1.50
A62	0.32	L75	0.25	R60	0.66	R163	0.36	S71	0.27	T82	0.57	T184	0.90
A63	0.53	L76	0.35	R61	0.40	R164	0.48	S72	0.35	T83	0.44	T185	0.85
A64	0.37	L77	0.31	R65	0.38	R165	0.34	S74	0.35	T84	0.36	T186	0.19
A65	0.28	L78	0.31	R68	0.45	R166	0.54	S76	0.36	T85	0.35	T187	0.22
A66	0.33	L79	0.30	R69	0.94	R167	0.48	S77	0.34	T86	0.45	T188	0.23
A67	0.36	L80	0.35	R70	1.01	R168	1.34	S78	0.26	T87	0.29	T189	0.36
A68	0.88	L81	0.38	R71	1.15	R169	0.45	S79	0.24	T88	0.38	T190	0.43
A69	1.29	L82	0.31	R72	0.39	R170	0.35	S80	0.35	T89	0.33	T197	0.42
A70	0.40	L83	0.31	R73	0.29	R171	0.26	S81	0.37	T91	0.30	T191	1.50
A71	0.35	L84	0.22	R74	0.22	R172	0.44	S82	0.35	T92	0.40	T193	0.88
A72	0.43	L85	0.30	R75	0.29	R173	0.28	S83	0.34	T93	0.38	T194	0.41
A73	0.81	L86	0.25	R76	0.43	R174	0.44	S84	0.33	T94	0.42	T195	0.41
A74	0.43	L87	0.25	R77	0.47	R175	0.87	S86	0.26	T95	0.50	T196	0.27
A75	0.40	L88	0.40	R78	0.57	R176	0.40	S88	0.24	T96	0.51	T198	0.36
A76	0.37	L89	0.38	R79	0.63	R177	0.43	S89	0.30	T97	0.36	T199	0.37
A77	0.25	L90	0.35	R80	0.64	R178	0.41	S90	0.35	T98	0.36	T200	0.39
A78	1.50	L91	0.35	R81	0.40	R179	0.42	S91	0.18	T101	0.36	Z1	1.91
A79	0.47	L92	0.74	R82	0.43	R180	0.30	S92	0.29	T102	0.33	Z2	0.16
A80	0.44	L93	0.27	R83	0.38	R181	0.43	S93	0.19	T103	0.33	Z3	0.17
A81	0.29	L94	0.25	R84	0.35	R182	0.43	S94	0.23	T104	0.39	Z4	0.99
A82	0.35	L95	0.34	R86	0.31	R183	0.29	S95	0.38	T105	0.34	Z5	0.23
A83	0.42	L96	0.25	R87	0.39	R184	0.63	S97	0.37	T106	0.32	Z6	0.20
A84	2.07	L97	0.24	R88	0.31	R185	0.30	S98	0.58	T107	0.37	Z7	0.78
L1	0.34	L98	0.34	R89	0.47	R186	0.37	S103	0.37	T108	0.34	Z8	0.22
L2	1.50	L99	0.32	R90	0.34	R187	0.45	S104	1.12	T109	0.35	Z9	0.53
L3	0.35	L100	0.36	R91	0.47	R188	0.27	S105	0.39	T111	0.35	Z10	0.24

续表

编号	P	编号	P	编号	P	编号	P	编号	P	编号	P	编号	P
L4	0.34	L101	0.51	R92	0.27	R189	0.22	S106	0.29	T112	0.17	Z11	0.31
L5	0.50	L102	0.54	R93	0.28	R190	0.24	S301	0.41	T113	0.17	Z12	0.25
L6	0.64	L103	0.41	R94	0.37	R191	0.41	S302	0.35	T114	0.19	Z13	0.22
L7	0.41	L104	0.35	R95	0.48	R192	0.40	T1	0.38	T115	0.29	Z14	0.41
L8	0.34	L105	0.30	R96	0.68	R193	0.37	T2	0.44	T116	0.33	Z15	0.31
L9	0.23	L106	0.26	R97	0.72	S1	0.47	T3	0.34	T117	0.30		
L10	0.38	L107	0.26	R98	0.35	S2	0.24	T4	0.53	T118	0.33		
L11	0.26	L108	0.32	R99	0.41	S3	0.27	T5	0.38	T119	0.33		
L12	0.21	L109	0.32	R100	0.31	S4	0.33	T6	0.48	T121	0.45		
L13	0.31	L110	0.34	R101	0.34	S5	0.30	T7	0.28	T122	0.51		
L14	0.30	L111	0.36	R102	0.26	S6	0.42	T8	0.33	T123	0.19		

为了更客观准确地反映土壤环境质量状况,对综合指数 P 的范围进行分级,分级标准采用国家环境保护总局发布的《土壤环境监测技术规范》中的五级方法(表 11-4)。

表 11-4　土壤内梅罗污染指数评价标准

等级	内梅罗污染指数	污染等级
Ⅰ	$P \leqslant 0.7$	清洁(安全)
Ⅱ	$0.7 < P \leqslant 1.0$	尚清洁(警戒线)
Ⅲ	$1.0 < P \leqslant 2.0$	轻度污染
Ⅳ	$2.0 < P \leqslant 3.0$	中度污染
Ⅴ	$P > 3.0$	重污染

按表 11-3 计算结果,依据表 11-4 分类标准,研究区陆域土壤主要分为清洁区(Ⅰ)、尚清洁区(Ⅱ)、轻度污染区(Ⅲ)和中度污染区(Ⅳ)四类(图 11-4)。其中清洁区、尚清洁区主要分布在研究区大部分区域,约 705.85 km²,占 98.04%;轻度污染区和中度污染区面积较少,为 14.07 km²,占 1.96%,呈点状、零星分布。污染原因主要为城市垃圾、工矿企业废弃物排放等。

11.3　海底表层沉积物环境质量综合评价

11.3.1　表层沉积物化学环境特征

11.3.1.1　Eh 和 pH 值

pH(酸碱度)和 Eh(氧化还原电位)作为介质(包括水、土壤等)环境物理化学性质的综

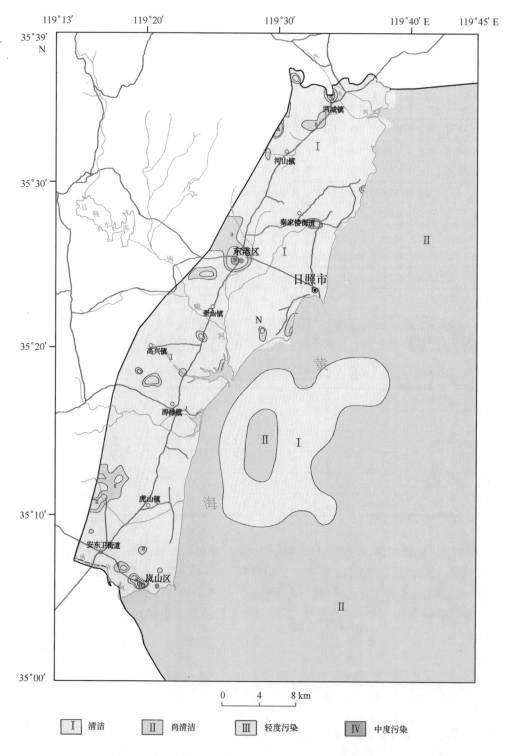

| I | 清洁 | II | 尚清洁 | III | 轻度污染 | IV | 中度污染 |

图 11-4　研究区土壤及海底表层沉积物环境质量分区

合性指标,pH 值高低反映介质酸碱性的强弱,Eh 值大小则表征介质氧化性或还原性的相对程度。在海洋沉积物中,Eh、pH 是两个反映沉积环境的良好的综合性指标,它们直接影响了沉积物(及孔隙水)中元素的地球化学行为、自生矿物的形成和转化、成岩作用进程等(齐红艳等,2008)。海岸带近岸海域是陆地和海洋间物质和能量交换最强烈的地带,这里发生着复杂的物理、化学、生物、地质过程, 同时也是人类活动最为频繁、强度最大的区域,人类活动产生的大量污染物质进入河口和近岸海域,引起该区域环境乃至底质环境的改变。表层沉积物 pH、Eh 是了解研究区海域表层地质过程和污染物的水体沉积物界面过程的重要参数。

　　图 11 – 5 和图 11 – 6 分别为研究区近岸海域海底表层沉积物的现场 pH 和 Eh 值测试结果的平面分布图,特征值的分布范围见表 11 – 5。

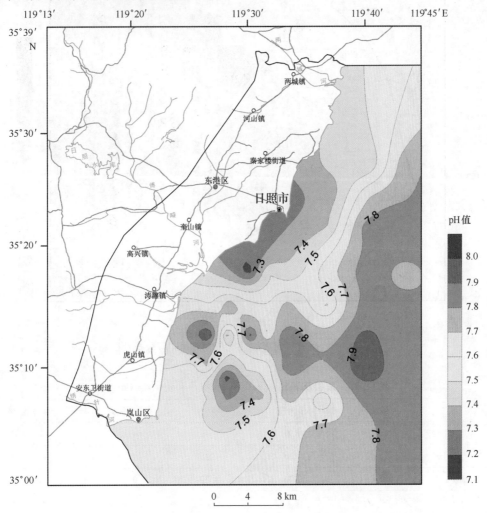

图 11 – 5　研究区海底表层沉积物 pH 值分布特征

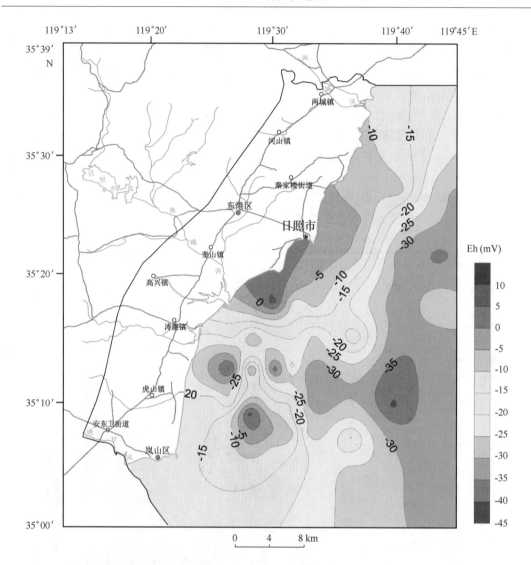

图 11-6　研究区海底表层沉积物 Eh(mV)分布特征

表 11-5　表层沉积物中 pH、Eh、有机质和硫化物特征统计

项目	最小值	最大值	平均值	标准偏差	变异系数(%)
pH 值	7.1	8.0	7.6	0.2	2.78
Eh(mV)	-42	7	-22.0	12.3	56.30
有机质(%)	0.09	0.77	0.39	0.22	57.83
硫化物(μg/g)	0.11	34.65	6.89	8.37	121.61

　　研究区 pH 值的分布范围为 7.1~8.0,平均值为 7.6,整体为弱碱性,符合典型海洋环境的特征。最小值 7.1,出现在日照港和岚山港的近岸海域;最大值 8.0,出现在研究区东南

部,其整体分布趋势具有近岸低、离岸高的分带性特征。pH 值的分布趋势与表层沉积物的粒度分布特征有较好的对应关系,在日照港和岚山港近岸以粉砂和黏土组分为主的区域,pH 值偏低,而以砂砾为主要组分的离岸区域 pH 值则偏高;pH 值的分布和表层沉积物平均粒径的 φ 值之间为负相关,这与在长江口和东海内陆架的调查研究结果比较一致,反映 pH 值受沉积物特征的影响。

研究区的 Eh 值的分布范围为 -42~7 mV,平均值为 -22 mV,整体为弱的氧化还原环境。Eh 值的分布趋势和 pH 值有明显的对应关系,高值 7 mV 出现在日照港和岚山港的近岸海域,对应 pH 低值区;低值 -42 mV 出现在研究区东南部,对应 pH 高值区。Eh 值整体分布趋势具有近岸高、离岸低的分带性特征,与表层沉积物平均粒径的 φ 值之间表现为正相关。在日照港和岚山港近岸以粉砂和黏土组分为主的区域,Eh 值偏高,而以砂砾为主要组分的离岸区域 Eh 值则偏低。一般认为细颗粒物质中有机质的含量高,生物分解有机质形成还原环境,Eh 值应该偏低。但研究区的 Eh 值则显示相反的趋势,可能与近岸波浪作用强、水体混合较强、氧化程度较高有关。总体上看,研究区的 Eh 值变化范围较小,水体和水—泥界面地球化学特征较为一致。

11.3.1.2 有机质

海洋沉积物中的有机质包括生物代谢活动及其生物化学过程产生的有机物质,以及人工合成的有机物质。其主要有两种来源:一是河流输入的陆源有机质;二是来自海洋生物的贡献。

海底沉积物中的有机质在缺氧条件下将发生厌气分解,产生有机酸和二氧化碳、甲烷、氨等还原气体,并向上迁移进入水体中,从而消耗水中溶解氧。

本次评价的有机质主要为有机碳。因为研究区内大范围分布的是以砂、砂砾、粉砂质砂为主的粗颗粒物质,沉积物中有机碳含量范围在 0.09% ~ 0.77% 之间,平均值为 0.39%,远低于一类沉积物有机碳含量 2% 的上限标准(图 11 - 7)。总体上有机碳的含量较低,与研究区总体 pH 和 Eh 异常不明显的趋势一致。

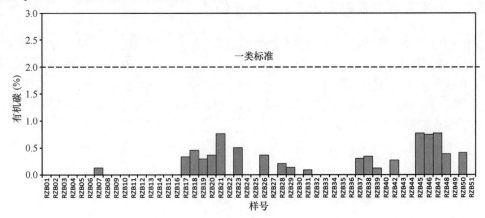

图 11 - 7　研究区海底表层沉积物有机碳的单站分布特征

11.3.1.3　硫化物

硫属于变价元素(−2 ～ +6),主要以 S^{2-} 离子与其他阳离子(如金属离子)相结合的形式存在,形成多种无机和有机硫化物。岩石在风化过程中的硫化物易氧化成硫酸盐,可溶性硫酸盐通过地表径流(河流、雨水等)携带进入海中。海洋中聚积了大量硫,多以 $[SO_4]^{2-}$ 的形态存在。在海洋沉积物中含硫有机质在氧化微生物作用下分解 H_2S,硫化细菌将 H_2S 转化为元素硫或硫酸盐;在厌氧细菌作用下又将硫酸盐转化为 H_2S,沉积物的 Eh 值不同,造成硫呈现出不同的价态。

研究区内硫化物含量范围在 0.11 ～ 34.65 μg/g 之间,平均值为 6.89 μg/g(图 11 −8)。整体上研究区硫化物含量水平偏低,远远低于一类沉积物环境的上限标准(300 μg/g),与研究区内有机质含量低、Eh 值为弱氧化和弱还原环境的特征一致。

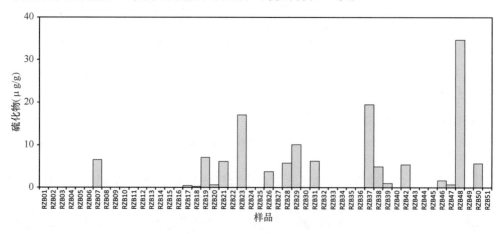

图 11 −8　研究区海底表层沉积物硫化物的单站分布特征

11.3.2　海底表层沉积物化学环境质量评价

为了有效地突出各污染指标的特点,全面、客观、真实地反映特定区域内各因子的变化情况,我们选用单因子污染指数法进行底质环境质量评价。由于有机污染物、营养盐、重金属和硫化物等多因子间的污染权重(基于生物毒理试验)很难确定,为了综合反映底质环境的质量状况,我们还采用均值型多因子综合污染指数法、污染物超标分类法和潜在生态危害法进行评价(夏鹏等,2011)。

11.3.2.1　单因子污染指数评价法

根据本次调查要求,我们优先选用《海洋沉积物质量标准》(GB 18668—2002)规定的一类标准对日照近岸海底表层沉积物进行评价(表 11 −6)。

《海洋沉积物质量标准》(GB 18668—2002)中对一类标准的定义:适用于海洋渔业水域、海洋自然保护区、珍稀与濒危生物自然保护区、海水养殖区、海水浴场、人体直接接触沉积物的海上运动或娱乐区及人类食用直接有关的工业用水区。

单因子评价指标包括:重金属(Hg、Cu、Pb、Zn、Cd、Cr、As)、有机碳(TOC)和氧化还原环境指标(硫化物),共计9项。

表 11 – 6 海洋沉积物一类质量标准

评价因子	Hg (mg/kg)	Cu (mg/kg)	Pb (mg/kg)	Zn (mg/kg)	Cd (mg/kg)	Cr (mg/kg)	As (mg/kg)	TOC(%)	硫化物 (mg/kg)
一类标准	0.2	35	60	150	0.5	80	20	2	300

单因子评价结果表明 Cu、Pb、Zn、Cd、Hg 元素均没有受污染,仅部分站位 As、Cr 元素受污染(图 11 – 3、表 11 – 7)。

表 11 – 7 研究区海底表层沉积物环境质量评价

站位	Hg	Cd	Pb	Cu	Zn	Cr	As	硫化物	TOC	综合污染指数	底质污染类型	质量等级
RZB01	0.03	0.12	0.40	0.31	0.20	0.44	0.73			0.32	Ⅰ	尚清洁
RZB02	0.04	0.14	0.44	0.38	0.24	0.47	0.85			0.37	Ⅰ	尚清洁
RZB03	0.06	0.16	0.46	0.38	0.24	0.92	1.11			0.47	Ⅱ₁ As 污染亚类	尚清洁
RZB04	0.06	0.23	0.54	0.53	0.25	0.51	1.18			0.47	Ⅱ₁ As 污染亚类	尚清洁
RZB05	0.07	0.12	0.96	0.42	0.23	0.45	1.59			0.55	Ⅱ₁ As 污染亚类	尚清洁
RZB06	0.05	0.13	0.77	0.40	0.22	0.46	1.13			0.45	Ⅱ₁ As 污染亚类	尚清洁
RZB07	0.07	0.17	0.55	0.40	0.25	0.53	1.60	0.02	0.06	0.41	Ⅱ₁ As 污染亚类	尚清洁
RZB08	0.06	0.39	0.81	0.67	0.24	0.27	2.05			0.64	Ⅱ₁ As 污染亚类	尚清洁
RZB09	0.09	0.20	0.69	0.45	0.26	0.51	1.61			0.55	Ⅱ₁ As 污染亚类	尚清洁
RZB10	0.07	0.30	0.50	0.37	0.21	0.53	1.67			0.52	Ⅱ₁ As 污染亚类	尚清洁
RZB11	0.06	0.68	0.64	0.58	0.23	0.23	1.87			0.61	Ⅱ₁ As 污染亚类	尚清洁
RZB12	0.06	0.10	0.56	0.33	0.21	0.51	0.91			0.38	Ⅰ	尚清洁
RZB13	0.06	0.11	0.51	0.29	0.19	0.43	0.72			0.33	Ⅰ	尚清洁
RZB14	0.07	0.19	0.54	0.42	0.25	0.43	1.04			0.42	Ⅱ₁ As 污染亚类	尚清洁
RZB15	0.07	0.15	0.73	0.42	0.24	0.46	1.96			0.58	Ⅱ₁ As 污染亚类	尚清洁
RZB16	0.07	0.20	0.46	0.40	0.24	0.44	1.00			0.40	Ⅰ	尚清洁
RZB17	0.09	0.15	0.41	0.50	0.38	0.66	0.66	0.00	0.17	0.34	Ⅰ	尚清洁
RZB18	0.16	0.22	0.54	0.96	0.64	1.08	0.75	0.00	0.23	0.51	Ⅱ₂ Cr 污染亚类	尚清洁
RZB19	0.13	0.22	0.46	0.72	0.50	0.89	0.48	0.02	0.15	0.40	Ⅰ	尚清洁
RZB20	0.16	0.18	0.49	0.86	0.51	1.11	0.59	0.00	0.18	0.45	Ⅱ₂ Cr 污染亚类	尚清洁
RZB21	0.22	0.21	0.42	0.97	0.53	1.04	0.71	0.02	0.38	0.50	Ⅱ₂ Cr 污染亚类	尚清洁
RZB22	0.05	0.06	0.36	0.26	0.22	0.30	0.32			0.23	Ⅰ	清洁
RZB23	0.20	0.21	0.53	0.85	0.54	0.97	0.68	0.06	0.25	0.48	Ⅰ	尚清洁
RZB24	0.09	0.11	0.45	0.30	0.18	0.31	0.76			0.31	Ⅰ	尚清洁
RZB25	0.09	0.09	0.63	0.33	0.21	0.38	1.19			0.42	Ⅱ₁ As 污染亚类	尚清洁

续表

站位	Hg	Cd	Pb	Cu	Zn	Cr	As	硫化物	TOC	综合污染指数	底质污染类型	质量等级
RZB26	0.11	0.14	0.67	0.41	0.27	0.50	1.28	0.01	0.18	0.40	Ⅱ₁As 污染亚类	尚清洁
RZB27	0.11	0.14	0.48	0.39	0.26	0.53	0.94			0.41	Ⅰ	尚清洁
RZB28	0.13	0.21	0.43	0.58	0.38	0.72	0.60	0.02	0.10	0.35	Ⅰ	尚清洁
RZB29	0.09	0.11	0.45	0.31	0.19	0.35	0.99	0.03	0.07	0.29	Ⅰ	清洁
RZB30	0.11	0.13	0.53	0.33	0.23	0.43	1.28			0.43	Ⅱ₁As 污染亚类	尚清洁
RZB31	0.10	0.09	0.35	0.25	0.18	0.41	0.50	0.02	0.04	0.22	Ⅰ	清洁
RZB32	0.11	0.12	0.37	0.35	0.23	0.40	0.49			0.30	Ⅰ	清洁
RZB33	0.12	0.18	0.36	0.37	0.26	0.47	0.52			0.33	Ⅰ	尚清洁
RZB34	0.11	0.12	0.36	0.29	0.20	0.35	0.49			0.27	Ⅰ	清洁
RZB35	0.07	0.06	0.34	0.21	0.13	0.26	0.70			0.25	Ⅰ	清洁
RZB36	0.09	0.11	0.42	0.31	0.17	0.30	1.38			0.40	Ⅱ₁As 污染亚类	尚清洁
RZB37	0.11	0.23	0.45	0.53	0.35	0.67	0.70	0.06	0.15	0.36	Ⅰ	尚清洁
RZB38	0.14	0.22	0.41	0.67	0.44	0.83	0.50	0.02	0.17	0.38	Ⅰ	尚清洁
RZB39	0.05	0.09	0.36	0.25	0.15	0.32	0.73	0.00	0.06	0.22	Ⅰ	清洁
RZB40	0.04	0.04	0.30	0.15	0.09	0.19	0.50			0.19	Ⅰ	清洁
RZB42	0.11	0.13	0.39	0.40	0.31	0.60	0.36	0.02	0.13	0.27	Ⅰ	清洁
RZB43	0.09	0.13	0.38	0.40	0.28	0.46	0.53			0.33	Ⅰ	尚清洁
RZB44	0.18	0.20	0.48	0.73	0.50	0.86	0.58			0.50	Ⅰ	尚清洁
RZB45	0.17	0.23	0.51	0.87	0.57	1.01	0.64	0.00	0.39	0.49	Ⅱ₂Cr 污染亚类	尚清洁
RZB46	0.18	0.27	0.55	0.97	0.63	1.09	0.69	0.01	0.37	0.53	Ⅱ₂Cr 污染亚类	尚清洁
RZB47	0.10	0.14	0.45	0.46	0.33	0.63	0.39	0.00	0.39	0.32	Ⅰ	尚清洁
RZB48	0.06	0.12	0.37	0.30	0.23	0.43	0.36	0.12	0.19	0.24	Ⅰ	清洁
RZB49	0.05	0.05	0.35	0.21	0.11	0.19	0.36			0.19	Ⅰ	清洁
RZB50	0.10	0.08	0.36	0.24	0.16	0.28	0.58	0.02	0.21	0.22	Ⅰ	清洁
RZB51	0.08	0.09	0.42	0.30	0.23	0.40	0.62			0.30	Ⅰ	尚清洁

11.3.2.2 综合污染指数评价法

在上述各项单因子指数评价基础上,采用平均值的综合指数法计算单站多参数沉积物质量。

本次调查的质量等级分级方法采用《全国海岸带和海涂资源综合调查》中的方法,沉积物综合质量指数与沉积物污染程度之间的关系如表11-8所示(佘运勇等,2011)。

综合评价的因子包括:重金属(Cu、Pb、Zn、Cr、Hg、Cd、As)、有机碳和氧化还原环境指标(硫化物),共计9项。评价结果如表11-7所示。

表 11 - 8　沉积物质量等级划分

质量分级	清洁	尚清洁	允许	轻污染	污染	重污染	恶性污染
综合质量指数(*PI*)	< 0.3	0.3 ~ 0.7	0.7 ~ 1	1 ~ 2	2 ~ 3	3 ~ 5	≥ 5

研究区综合污染指数介于 0.19 ~ 0.64 之间(均值 0.39),均小于 0.7(表 11 - 8),表明日照近海海域底质环境在整体上处于清洁和尚清洁状态(图 11 - 4)。

研究区底质环境综合污染指数的空间分布特征如下。

(1)清洁站位共 12 站,占总测站的 24%。主要分布在研究区中部 10 ~ 20 m 水深的范围,该区域水动力较强,沉积物粒度偏粗,不利于污染物质的聚集。

(2)尚清洁站位 38 站,占总测站的 76%。主要分布在研究区北部、南部及其水深 20 m 以外的深水海域。其中研究区的南部和北部近岸的细颗粒物质沉积区,水动力相对较弱,污染物受到黏土组分的吸附,相对富集。而研究区的东部则受背景场的影响,As 的含量比较高,影响沉积物的地球化学环境质量。

11.3.2.3　超标分类评价法

超标分类评价方法是在掌握有关污染物质含量实测数据的基础上,确定各要素的评价标准值,然后逐一求出其实测值与评价标准值的比值。如果比值超过 1,则为超标污染物质,比值即为超标比值;又根据超标污染物质的个数和超标比值的大小和组合不同,通过适当的归类后,划分出污染物质的不同程度存在差异的各类型和亚类。

底质污染评价类型是根据污染要素中超标污染物质的个数来划分,以采样站位作为评价单元;无污染物质超标的称为Ⅰ类,有一种污染物质超标的称为Ⅱ类污染类型,有两种污染物质超标的称为Ⅲ类污染类型,有三种污染物质超标的称为Ⅳ类污染类型,有四种或四种以上污染物质超标的称为Ⅴ类污染类型。

污染亚类是在各类型下根据超标污染物质的组合不同来划分,以超标污染物质来命名。如果有一个以上超标污染物质,则按其超标比值由大到小顺序排列来命名。例如,某站铅的超标比值大于铜的超标比值,则命名为铅—铜污染亚类。

本次超标分类评价的因子包括:重金属(Cu、Pb、Zn、Cr、Hg、Cd、As)、有机碳和氧化还原环境指标(硫化物),共计 9 项。底质的污染评价标准依然采用海洋沉积物一类质量标准(表 11 - 6)。

本区底质污染类型主要以Ⅰ类和Ⅱ类为主,Ⅱ类又分为Ⅱ$_1$As 和Ⅱ$_2$Cr 两个污染亚类(图 11 - 9)。

(1)Ⅰ类站位共 30 站,占总测站的 60%。主要分布在研究区中部及近岸区域,范围比较大。

(2)Ⅱ类站位共 20 站,占总测站的 40%。其中Ⅱ$_1$As 有 15 个站位,主要分布在研究区东和东南部海域。Ⅱ$_2$Cr 有 5 个站位,在空间上分两个部分:一部分位于万平口海滩以东的近岸海域,呈长条带状分布,几乎与海岸平行;另一部分位于岚山港东部的近岸海域,范围较小。

11.3.2.4　潜在生态危害评价

对沉积物中重金属污染状况的评估,目前尚没有成熟的方法和统一的标准。其中瑞典学者 Hakanson 于 1980 年建立的潜在生态危害指数法,综合考虑了重金属的毒性、重金属在沉积

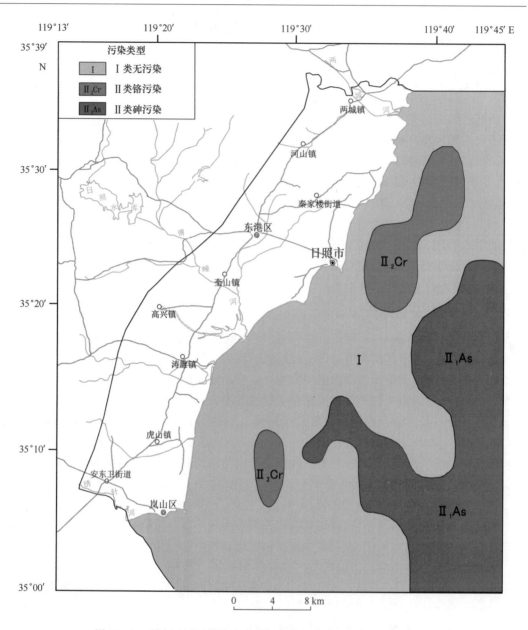

图 11 - 9 研究区(海域)海底表层沉积物污染类型(超标分类法)

物中普遍的迁移转化规律和评价区域对重金属污染的敏感性,以及重金属区域背景值的差异,消除了区域差异和异源污染的影响,可以综合反映沉积物中重金属对生态环境的影响潜力,成为国内外沉积物质量评价中应用最为广泛的方法之一(丁喜桂等,2005;张亮等,2011)。

潜在生态危害指数法计算公式如下。

1)单个重金属污染系数

$$C_f^i = C^i / C_n^i \qquad (11 - 4)$$

式中,C_f^i 为重金属 i 的污染系数;C^i 为重金属 i 的实测浓度;C_n^i 为重金属 i 的评价参比值,一一般采用工业化以前的沉积物中重金属最高背景。

2）沉积物重金属总体污染系数

$$C_d = \sum_i^m C_f^i \qquad (11-5)$$

3）某一区域重金属 i 的潜在生态危害系数

$$E_r^i = T_r^i \cdot C_f^i \qquad (11-6)$$

式中，E_r^i 为重金属毒性响应系数，反映重金属的毒性水平及生物对重金属的敏感程度。

4）多种重金属的潜在生态危害指数

沉积物中多种重金属的潜在生态危害指数 E_{RI} 等于所有重金属潜在生态危害系数的总和，计算公式如下：

$$E_{RI} = \sum_i^m E_r^i = \sum_i^m T_r^i \cdot C_f^i = \sum_i^m T_r^i \cdot \frac{C^i}{C_n^i} \qquad (11-7)$$

利用表 11-9 中的参考值、金属毒性系数以及表 11-10 中的沉积物重金属污染生态危害系数和生态危害指数与污染程度的划分标准，利用上述公式对研究区表层沉积物中的重金属污染程度进行了评价。其评价结果如表 11-11 所示。

表 11-9 重金属的背景参考值和毒性系数

元素	Hg	Cd	As	Cu	Pb	Cr	Zn
$C_r^i(\times 10^{-6})$	0.25	1	15	50	70	90	175
T_r^i	40	30	10	5	5	2	1

表 11-10 评价指标与污染程度和潜在生态危害程度的关系

C_f^i	单因子污染物污染程度	Cd	总体污染程度	E_r^i	单因子污染物生态危害程度	RI	总的潜在生态风险程度
<1	低	<8	低	<40	低	<150	低
1~3	中等	8~16	中等	40~80	中等	150~300	中等
3~6	重	16~32	重	80~160	较重	300~600	重
≥6	严重	≥32	严重	160~320	重	≥600	严重
				≥320	严重		

表 11-11 研究区各重金属单因子污染物污染程度与生态危害程度

		Hg	Cd	Pb	Cu	Zn	Cr	As
C_f^i	最小值	0.03	0.02	0.26	0.10	0.08	0.17	0.43
	最大值	0.17	0.34	0.82	0.68	0.55	0.99	2.73
	平均值	0.08	0.08	0.42	0.32	0.24	0.48	1.17
E_r^i	最小值	1.10	0.60	1.29	0.52	0.08	0.33	4.29
	最大值	6.89	10.14	4.10	3.39	0.55	1.98	27.33
	平均值	3.09	2.48	2.09	1.59	0.24	0.96	11.69

评价结果表明,重金属 Hg 和 Cd 的污染系数分别在 0.03 ~ 0.17 和 0.02 ~ 0.34 之间,平均值均为 0.08,远远小于单因子重金属低污染程度的最大值,表明它们二者在研究区为低污染程度;Pb、Cu 和 Zn 的污染系数分别介于 0.26 ~ 0.82、0.10 ~ 0.68 和 0.08 ~ 0.55 之间,平均值分别为 0.42、0.32 和 0.24,也远小于单因子重金属低污染程度的最大值,表明它们在研究区也为低污染程度;Cr 的污染系数最小值、最大值和平均值分别为 0.17、0.99 和 0.48,表明其也处在低污染程度,但有些站位接近单因子重金属低污染程度的上限。研究区沉积物中主要的重金属污染因子为 As,污染系数在 0.43 ~ 2.73 之间,平均值为 1.17。可以看出,除部分站位 As 污染物污染程度中等外,其他污染物污染程度低(C_f^i 小于 1)。整个区域的生态危害程度也低(E_r^i 均小于 40)。污染程度顺序为 As > Cr > Pb > Cu > Zn > Cd > Hg。

研究区内 Hg、Cd、Pb、Cu、Zn、Cr、As 的潜在生态危害系数平均值分别为 3.09、2.48、2.09、1.59、0.24、0.96、11.69,均小于 40,最大值也小于 40,因此各种重金属的生态危害程度均低。研究区重金属单因子污染物生态危害系数由大到小依次为:As > Hg > Cd > Pb > Cu > Cr > Zn。

11.4 综合评价

根据上述土壤和海底表层沉积物评价结果,将二者综合污染指数法分区进行综合,将研究区划分为清洁(Ⅰ)、尚清洁(Ⅱ)、轻度污染(Ⅲ)和中度污染区(Ⅳ)(表 11 - 12、图 11 - 4)。其中清洁区、尚清洁区分布在研究区大部分区域,约 2 398.72 km²,占 99.42%;轻度污染区和中度污染区面积较少,为 14.07 km²,占 0.58%,呈点状零星分布。污染原因主要为城市垃圾、工矿企业废弃物排放等(王松涛等,2013)。

表 11 -12 研究区土壤和表层沉积物环境质量分类

等级	分布面积 (km²)	陆域分布范围	海域分布范围
Ⅰ	852.45	研究区大部分区域	研究区中部 10 ~ 20 m 水深区域内
Ⅱ	1 546.27	两城镇青岗沟、日照城西、虎山镇前水东沟—梭罗树一带及Ⅲ级区域外围	研究区北部、南部及其水深 20 m 以外的深水海域
Ⅲ	13.44	两城镇北部、秦楼街道大洼村北、日照城西孔家胡子、涛雒镇尧王城、虎山镇前水东沟—梭罗树一带、安东卫街道安东卫村及Ⅳ级区域外围	
Ⅳ	0.68	日照老城区、绣针河入海口	

12　地质环境质量综合评价

12.1　评价的目的与原则

地质环境是海岸带建设的基本条件,海岸带地质环境质量评价是海岸带规划的基本依据之一(徐建国等,2005)。对海岸带来说,影响地质环境质量的主要因素表现在以下6个方面。

(1)自然地理条件:包括地形地貌、气象水文等。

(2)工程地质条件:包括区域地壳稳定性、岩土体工程地质类型(含软弱土体)等。

(3)地质、水文地质条件:包括第四系厚度、含水层富水性、地下水质量等。

(4)地质灾害和环境地质问题的发育程度:包括地面沉降、地面塌陷和地裂缝、崩塌、滑坡、泥石流、海(咸)水入侵、土壤(海底沉积物)环境质量情况、海岸侵蚀等。

(5)地质资源的丰富程度和合理开发利用程度:包括地下水资源、地表水资源、固体矿产资源、土地资源、地质旅游资源等。

(6)人类工程活动:主要表现在矿山开采强度、城区、主要交通干线、港口码头等的发达程度。

12.2　评价方法

海岸带地质环境是一个复杂的系统,受诸多因素影响,地质灾害和环境地质问题时有发生,对海岸带地质环境质量的影响程度,很难用一个肯定的"非此即彼"的结论来表达。在地质环境质量评价中常用影响"较大"、"很大"、"一般",灾害"高危险"、"较危险"、"中等危险"、"低危险"等模糊性的语言信息来表达,而此种表达方式反映了客观现象存在的对象"亦此亦彼"的模糊性。这种模糊性很难用经典的逻辑值(比如1为真,0为假)来描述,而需要用能表示元素从"不隶属"到"隶属"逐渐过渡的现象的连续值来表达,比如用[0,1]区间的连续值来描述。

鉴于评价因子分级界线存在不确定性,即作为外延是非常模糊的,带有很大的模糊性,对一级评价因子采用模糊数学综合指数法,对二级评价因子采用层次分析法进行海岸带地质环境质量综合评价。一般在进行单项因子量化后再进行相应的计算。

12.2.1　层次分析法

本次权重的确定采用层次分析法进行,层次分析法(Analytic Hierarchy Process,简称AHP)是对一些较为复杂、模糊的问题作出决策的简易方法,它特别适用于难以完全定量分析的问题。

运用层次分析法建模,大体上可按下面 4 个步骤进行。

1)递阶层次结构的建立与特点

首先要把问题条理化、层次化,构造出一个有层次的结构模型。在这个模型下,复杂问题被分解为元素的组成部分。这些元素又按其属性及关系形成若干层次。上一层次的元素作为准则对下一层次有关元素起支配作用。这些层次可以分为以下 3 层。

(1)最高层:这一层次中只有一个元素,一般它是分析问题的预定目标或理想结果,因此也称为目标层。

(2)中间层:这一层次中包含了为实现目标所涉及的中间环节,它可以由若干个层次组成,包括所需考虑的准则、子准则,因此也称为准则层。

(3)最底层:这一层次包括了为实现目标可供选择的各种措施、决策方案等,因此也称为措施层或方案层。

2)构造判断矩阵

层次结构反映了因素之间的关系,但准则层中的各准则在目标衡量中所占的比重并不一定相同,在决策者的心目中,它们各占有一定的比例。

设现在要比较 n 个因子 $X = \{x_1, \cdots, x_n\}$ 对某因素 Z 的影响大小,怎样比较才能提供可信的数据呢? Saaty 等建议可以采取对因子进行两两比较建立成对比较矩阵的办法。即每次取两个因子 x_i 和 x_j,以 a_{ij} 表示 x_i 和 x_j 对 Z 的影响大小之比,全部比较结果用矩阵 $A = (a_{ij})_{n \times n}$ 表示,称 A 为 $Z - X$ 之间的成对比较判断矩阵(简称判断矩阵)。容易看出,若 x_i 与 x_j 对 Z 的影响之比为 a_{ij},则 x_j 与 x_i 对 Z 的影响之比应为 $a_{ji} = \dfrac{1}{a_{ij}}$。

定义 1　若矩阵 $A = (a_{ij})_{n \times n}$ 满足:① $a_{ij} > 0$;② $a_{ji} = \dfrac{1}{a_{ij}}$($i, j = 1, 2, \cdots, n$),则称之为正互反矩阵(易见 $a_{ii} = 1$,$i = 1, \cdots, n$)。

关于如何确定 a_{ij} 的值,Saaty 等建议引用数字 1~9 及其倒数作为标度。表 12 - 1 列出了 1~9 标度的含义。

表 12 - 1　层次分析法两因素比值标度及含义

标度	含义
1	表示两个因素相比,具有相同重要性
3	表示两个因素相比,前者比后者稍重要
5	表示两个因素相比,前者比后者明显重要
7	表示两个因素相比,前者比后者强烈重要
9	表示两个因素相比,前者比后者极端重要
2,4,6,8	表示上述相邻判断的中间值
倒数	若因素 i 与因素 j 的重要性之比为 a_{ij},则因素 j 与因素 i 重要性之比为 $a_{ji} = \dfrac{1}{a_{ij}}$

3)层次单排序及一致性检验

判断矩阵 A 对应最大特征值 λ_{max} 的特征向量 W ,经归一化后即为同一层次相应因素对于上一层次某因素相对重要性的排序权值,这一过程称为层次单排序。

上述构造成对比较判断矩阵的办法虽能减少其他因素的干扰,较客观地反映出一对因子影响力的差别。但综合全部比较结果时,其中难免包含一定程度的非一致性。如果比较结果是前后完全一致的,则矩阵 A 的元素还应当满足:

$$a_{ij}a_{jk} = a_{ik} , \quad i,j,k = 1,2,\cdots,n \tag{12-1}$$

定义 2　满足关系式(12-1)的正互反矩阵称为一致矩阵。

需要检验构造出来的(正互反)判断矩阵 A 是否严重地非一致,以便确定是否接受 A 。

定理 1　正互反矩阵 A 的最大特征根 λ_{max} 必为正实数,其对应特征向量的所有分量均为正实数。A 的其余特征值的模均严格小于 λ_{max} 。

定理 2　若 A 为一致矩阵,则

①A 必为正互反矩阵。

②A 的转置矩阵 A^T 也是一致矩阵。

③A 的任意两行成比例,比例因子大于零,从而 $\mathrm{rank}(A) = 1$ (同样,A 的任意两列也成比例)。

④A 的最大特征值 $\lambda_{max} = n$,其中 n 为矩阵 A 的阶,A 的其余特征根均为零。

⑤若 A 的最大特征值 λ_{max} 对应的特征向量为 $W = (w_1,\cdots,w_n)^T$,则 $a_{ij} = \dfrac{w_i}{w_j}$, $i,j = 1,2,\cdots,n$,即

$$A = \begin{bmatrix} \dfrac{w_1}{w_1} & \dfrac{w_1}{w_2} & \cdots & \dfrac{w_1}{w_n} \\[2mm] \dfrac{w_2}{w_1} & \dfrac{w_2}{w_2} & \cdots & \dfrac{w_2}{w_n} \\[2mm] \cdots & \cdots & \cdots & \cdots \\[2mm] \dfrac{w_n}{w_1} & \dfrac{w_n}{w_2} & \cdots & \dfrac{w_n}{w_n} \end{bmatrix} \tag{12-2}$$

定理 3　n 阶正互反矩阵 A 为一致矩阵当且仅当其最大特征根 $\lambda_{max} = n$,且当正互反矩阵 A 非一致时,必有 $\lambda_{max} > n$ 。

根据定理3,由 λ_{max} 是否等于 n 来检验判断矩阵 A 是否为一致矩阵。由于特征根连续地依赖于 a_{ij} ,故 λ_{max} 比 n 大得越多,A 的非一致性程度也就越严重,λ_{max} 对应的标准化特征向量也就越不能真实地反映出 $X = \{x_1,\cdots,x_n\}$ 在对因素 Z 的影响中所占的比重。因此,对决策者提供的判断矩阵有必要作一次一致性检验,以决定是否能接受它。

对判断矩阵的一致性检验的步骤如下。

(1)计算一致性指标 CI

$$CI = \frac{\lambda_{max} - n}{n - 1} \tag{12-3}$$

(2)查找相应的平均随机一致性指标 RI 。对 $n = 1,\cdots,9$,Saaty 给出了 RI 的值,如表

12 - 2 所示。

表 12 - 2　相应的平均随机一致性指标 RI 值

n	1	2	3	4	5	6	7	8	9
RI	0	0	0.58	0.90	1.12	1.24	1.32	1.41	1.45

RI 的值是这样得到的,用随机方法构造 500 个样本矩阵:随机地从 1 ~ 9 及其倒数中抽取数字构造正互反矩阵,求得最大特征根的平均值 λ'_{max} ,并定义

$$RI = \frac{\lambda'_{max} - n}{n - 1} \tag{12 - 4}$$

(3)计算一致性比例 CR

$$CR = \frac{CI}{RI} \tag{12 - 5}$$

当 $CR < 0.10$ 时,认为判断矩阵的一致性是可以接受的,否则应对判断矩阵作适当修正。

4)层次总排序及一致性检验

设上一层次(A 层)包含 $A_1, \cdots, A_m$ 共 m 个因素,它们的层次总排序权重分别为 $a_1, \cdots, a_m$;又设其后的下一层次(B 层)包含 n 个因素 $B_1, \cdots, B_n$,它们关于 A_j 的层次单排序权重分别为 $b_{1j}, \cdots, b_{nj}$ (当 B_i 与 A_j 无关联时, $b_{ij} = 0$);现求 B 层中各因素关于总目标的权重,即求 B 层各因素的层次总排序权重 $b_1, \cdots, b_n$,计算按下表所示方式进行,即 $b_i = \sum_{j=1}^{m} b_{ij} a_j$, $i = 1, \cdots, n$ (表 12 - 3)。

表 12 - 3　层次总排序

层 A 层 B	A_1 a_1	A_2 a_2	$\cdots$	A_m a_m	B 层总排序权值
B_1	b_{11}	b_{12}	$\cdots$	b_{1m}	$\sum_{j=1}^{m} b_{1j} a_j$
B_2	b_{21}	b_{22}	$\cdots$	b_{2m}	$\sum_{j=1}^{m} b_{2j} a_j$
$\vdots$	$\cdots$	$\cdots$	$\cdots$	$\cdots$	$\vdots$
B_n	b_{n1}	b_{n2}	$\cdots$	b_{nm}	$\sum_{j=1}^{m} b_{nj} a_j$

对层次总排序也需作一致性检验,检验仍像层次总排序那样由高层到低层逐层进行。这是因为虽然各层次均已经过层次单排序的一致性检验,各成对比较判断矩阵都已具有较为满意的一致性。但当综合考察时,各层次的非一致性仍有可能积累起来,引起最终分析结果较严重的非一致性。

设 B 层中与 A_j 相关的因素的成对比较判断矩阵在单排序中经一致性检验,求得单排序

一致性指标为 $CI(j)$，$(j = 1,\cdots,m)$，相应的平均随机一致性指标为 $RI(j)$（$CI(j)$、$RI(j)$已在层次单排序时求得），则 B 层总排序随机一致性比例为

$$CR = \frac{\sum\limits_{j=1}^{m} CI(j) a_j}{\sum\limits_{j=1}^{m} RI(j) a_j} \tag{12-6}$$

当 $CR < 0.10$ 时，层次总排序结果具有较满意的一致性并接受该分析结果。

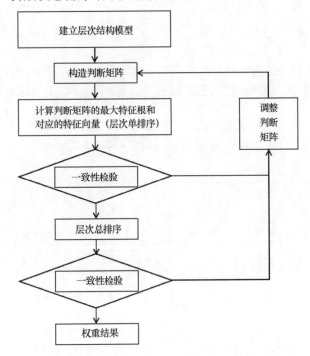

图 12-1　层次分析法计算步骤程序

12.2.2　综合评价指数法

评价在层次分析法的基础上选用模糊数学综合指数法进行海岸带地质环境质量评价（李顺等,2002）。综合指数法是将一组相同或不同指数值通过统计学处理,使不同计量单位、性质的指标值标准化,最后转化成一个综合指数,以准确地评价工作的综合水平。

综合评价指数法计算公式如下：

$$R_k = \sum_{i=1}^{n} \alpha_i X_i \tag{12-7}$$

式中,R_k 为综合评价指数；α_i 为指标要素的权值；X_i 为指标要素属性赋值；n 为指标要素个数。

12.3 海岸带地质环境质量综合评价

12.3.1 评价体系建立

评价体系由三层构成,从顶层到底层分别由系统目标层(O,Object)、属性层(A,Attribute)和要素指标层(F,Factor)3 级层次组成。O 层是系统的总目标,即海岸带地质环境质量综合评价。A 是属性指标层,由自然地理条件、工程地质条件、水文地质条件、地质灾害和环境地质问题、地质资源、人类工程活动 6 项指标组成。F 是要素指标层,选择地形地貌、区域稳定性、第四系厚度、海水入侵、矿山开采等 20 项指标作为要素指标层,建立层次结构模型(图 12 -2),进行综合评价指标计算,在此基础上进行地质环境质量综合评价分区(王勇等,2004)。

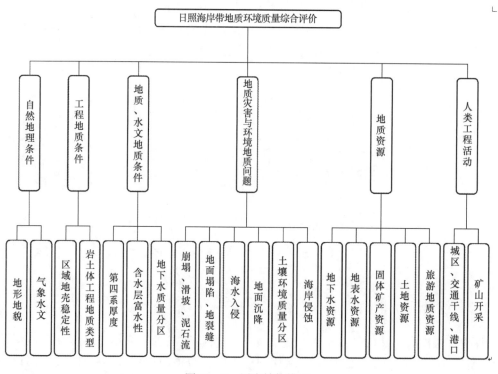

图 12 -2 层次结构模型

12.3.2 评价因子量化

根据海岸带地质环境特点,将海岸带地质环境质量二级评价因子分为 5 级,即优等、良好、中等、较差、差(表 12 -4)。

表 12 - 4 海岸带地质环境质量评价打分标准

分级	I	II	III	IV	V
分值	10	7	5	3	1
评价分级	优等	良好	中等	较差	差

各个评价因子的量化分级,在量化过程中既考虑地质环境现状对海岸带建设的适宜性,又要考虑海岸带建设对地质环境的影响程度(表 12 - 5)(闫满存等,2000;毛同夏等,1996)。

表 12 - 5 海岸带地质环境质量评价因子量化分级

一级评价因子	二级评价因子	I	II	III	IV	V
自然地理条件 A	地形地貌 A1	滨海平原	—	丘陵	—	中低山
	气象水文(降水量)A2	>700	600～700	500～600	400～500	<400
工程地质条件 B	区域地壳稳定性(含地震烈度)B1	稳定区	较稳定区	较不稳定	不稳定区、7°	极不稳定区、8°
	岩土体工程地质类型(含不良土体)B2	坚硬侵入岩组	变质岩组	黏性土	砂性土	软弱层
地质、水文地质条件 C	第四系厚度 C1	<5	5～10	10～15	15～25	>25
	含水层富水性(单井涌水量 m³/d)C2	>1 000	500～1 000	200～500	100～200	<100
	地下水质量分区 C3	优良	良好	较好	较差	差
地质灾害与环境地质问题 D	崩塌、滑坡、泥石流 D1	无	—	隐患	—	有
	地面塌陷与地裂缝 D2	不发育	—	—	较发育	发育
	海(咸)水入侵 D3	无	—	—	较重	严重
	地面沉降 D4	无	—	隐患	—	有
	土壤环境质量分区 D5	清洁	尚清洁	轻度污染	中度污染	重度污染
	海岸侵蚀 D6	无	—	—	—	有
地质资源 E	地下水资源 E1	有潜力	—	基本平衡	超采	严重超采
	地表水资源 E2	丰富	较丰富	中等	较贫乏	无
	固体矿产资源(规模)E3	无	小	中	大	特大
	土地资源 E4	园地、林地等	耕地等	居民、交通、水利用地等	盐田、养殖池、滩涂、沙滩等	未利用地、工矿用地等
	地质旅游资源 E5	无		未开发	—	已开发
人类工程活动 F	城区、交通干线、港口 F1	农田、村庄	乡镇	交通干线	城区	港口
	矿山开采 F2	无	较少	中等	较强烈	强烈

12.3.3　评价因子权重确定

本次评价因子权重确定方法:首先组织水工环地质专业的专家根据工作经验对各因子进行打分,按照打分情况进行异常值的剔除,取几率大的分值;然后根据建立的海岸带地质环境质量综合评价体系,利用层次分析法(采用 yaahp 软件)计算出影响地质环境质量综合评价的各评价因子的权重,两个要素重要性之比采用 1~9 标度法(表 12-6、表 12-7)(冯德益等,1983)。

表 12-6　层次分析法计算结果一览表

1. 海岸带地质环境质量综合评价　　判断矩阵一致性比例:0.059 0;对总目标的权重:1

海岸带地质环境质量综合评价	自然地理条件	工程地质条件	地质、水文地质条件	地质灾害与环境地质问题	地质资源	人类工程活动	W_i
自然地理条件	1	1/4	1/7	1/8	3	1/2	0.048 1
工程地质条件	4	1	1/3	1/4	5	4	0.151 8
地质、水文地质条件	7	3	1	1/2	6	5	0.288 7
地质灾害与环境地质问题	8	4	2	1	7	6	0.412 7
地质资源	1/3	1/5	1/6	1/7	1	1/3	0.031 5
人类工程活动	2	1/4	1/5	1/6	3	1	0.067 2

2. 自然地理条件　　判断矩阵一致性比例:0.000 0;对总目标的权重:0.048 1

自然地理条件	气象水文	地形地貌	W_i
气象水文	1	1/5	0.166 7
地形地貌	5	1	0.833 3

3. 工程地质条件　　判断矩阵一致性比例:0.000 0;对总目标的权重:0.151 8

工程地质条件	岩土体工程地质类型	区域地壳稳定性	W_i
岩土体工程地质类型	1	5	0.833 3
区域地壳稳定性	1/5	1	0.166 7

4. 地质、水文地质条件　　判断矩阵一致性比例:0.031 1;对总目标的权重:0.288 7

地质、水文地质条件	地下水质量分区	含水层富水性	第四系厚度	W_i
地下水质量分区	1	6	7	0.758 2
含水层富水性	1/6	1	2	0.151 2
第四系厚度	1/7	1/2	1	0.090 5

5. 地质灾害与环境地质问题　　判断矩阵一致性比例:0.088 5;对总目标的权重:0.412 7

地质灾害与环境地质问题	海岸侵蚀	土壤环境质量分区	地面沉降	海水入侵	地面塌陷、地裂缝	崩塌、滑坡、泥石流	W_i
海岸侵蚀	1	1/4	1/4	1/7	3	1/5	0.050 4
土壤环境质量分区	4	1	1/3	1/4	2	1/3	0.093 9
地面沉降	4	3	1	1/4	5	1/3	0.157 7

续表

海水入侵	7	4	4	1	7	1/2	0.326 3
地面塌陷、地裂缝	1/3	1/2	1/5	1/7	1	1/5	0.037 8
崩塌、滑坡、泥石流	5	3	3	2	5	1	0.333 9

6. 地质资源　判断矩阵一致性比例:0.049 9;对总目标的权重:0.031 5;λ_{max}:5.223 6

地质资源	地质旅游资源	土地资源	固体矿产资源	地表水资源	地下水资源	Wi
地质旅游资源	1	1/3	1/4	1/5	1/6	0.046 8
土地资源	3	1	1/3	1/4	1/5	0.083 4
固体矿产资源	4	3	1	1/3	1/2	0.174 4
地表水资源	5	4	3	1	1/2	0.299 8
地下水资源	6	5	2	2	1	0.395 6

7. 人类工程活动　判断矩阵一致性比例:0.000 0;对总目标的权重:0.067 2;λ_{max}:2.000 0

人类工程活动	矿山开采	城区、交通干线、港口	Wi
矿山开采	1	2	0.666 7
城区、交通干线、港口	1/2	1	0.333 3

表 12 - 7　评价因子权重一览表

评价因子	权重	评价因子	权重
气象水文	0.008 0	海水入侵	0.134 7
地形地貌	0.040 0	地面塌陷、地裂缝	0.015 6
岩土体工程地质类型	0.126 5	崩塌、滑坡、泥石流	0.137 8
区域地壳稳定性	0.025 3	地质旅游资源	0.001 5
地下水质量分区	0.218 9	土地资源	0.002 6
含水层富水性	0.043 7	固体矿产资源	0.005 5
第四系厚度	0.026 1	地表水资源	0.009 4
海岸侵蚀	0.020 8	地下水资源	0.012 5
土壤环境质量分区	0.038 7	矿山开采	0.044 8
地面沉降	0.065 1	城区、交通干线、港口	0.022 4

12.3.4　陆域地质环境质量综合评价

将研究区划分为 1 km × 1 km 的单元网格共计 713 个,对每个单元格进行统计打分。本次评价运用计算机编程进行运算,运用 MAPGIS 强大的空间分析功能,得到各单元的地质环境质量评价结果,然后根据实际调查情况进行必要的修正(张永伟等,2008)。表 12 - 8 为海岸带地质环境质量评价分级标准。

表 12 - 8　海岸带地质环境质量评价分级标准

分级	I	II	III	IV	V
分值	9 ~ 10	7 ~ 9	5 ~ 7	3 ~ 5	1 ~ 3
评价分级	优等	良好	中等	较差	差

根据海岸带地质环境质量评价结果,研究区分为 3 个区(图 12 - 3):海岸带地质环境质量良好区、中等区、较差区。各区的分布规律及特征叙述如下。

1)良好区(II)

分布在研究区大部分区域,该区面积 541.89 km²,占全区总面积的 75.26%。

该区地貌类型以丘陵、滨海平原为主,工程地质条件相对较好,区域稳定性较好,人类工程活动相对较少,区内无大型矿山开采,无严重的地质灾害和环境地质问题,区内仅在局部地带有小型崩塌、滑坡、泥石流等地质灾害隐患,地下水环境质量较好。

2)中等区(III)

主要分布在河山西部、丝山、奎山镇、虎山镇梭罗树、岚山南炮台一带等,该区面积 127.43 km²,占全区总面积的 17.70%。

该区地貌类型以丘陵、海积平原为主,工程地质条件中等,部分区域工程地质条件较差,区域稳定性较好,人类工程活动中等,以采石场和海边养殖开采地下水为主。无严重的地质灾害,区内仅在局部地带有小型崩塌、滑坡、泥石流等地质灾害,奎山镇一带由于受地下水、地表水污染影响,地下水环境质量较差。

3)较差区(IV)

主要分布在两城河入海口、傅疃河入海口、岚山汾水一带,该区面积 50.65 km²,占全区总面积的 7.04%。该区地貌主要为滨海平原,工程地质条件较差,区域稳定性较好,人类工程活动比较强烈,以养殖开采地下水为主,有海(咸)水入侵威胁,局部地带导致地面沉降,造成房屋开裂,地下水环境质量差。

12.3.5　近海地质环境质量综合评价

根据本次调查情况,日照近海地质环境的评价因子主要为海底沉积物重金属污染(Cr 和 As)、海底侵蚀(冲蚀沟槽)和埋藏下切谷(古河道)三种。因此,我们根据三者的实际调查评价结果,采用叠合的方法,根据不同区域包含的评价因子的多少,将日照近海地质环境质量分为四个等级(表 12 - 9)。

表 12 - 9　日照市海岸带地质环境质量评价分级标准

分级	I	II	III	IV
评价因子	0	1	2	3
评价分级	优等	良好	中等	较差

根据评价结果,研究区可分为 4 个区:地质环境质量优等区、良好区、中等区和较差区。各区的分布规律及特征叙述如下。

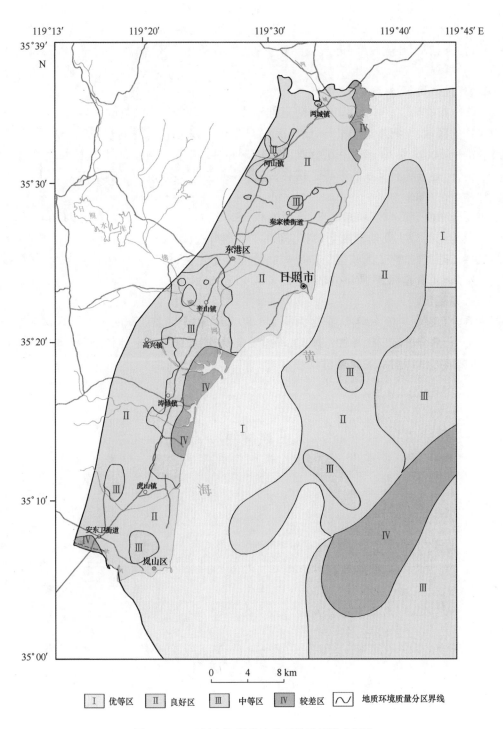

图 12 - 3　日照市海岸带地质环境质量综合评价

1）优等区（Ⅰ）

主要分布在近岸区域,即万平口—日照港—傅疃河口—岚山港近岸海域,大致在 10 m 等深线以浅区域,该区面积 754.48 km²,占全区总面积的 44.52%。海底沉积物质量均为一类,没有污染,底质环境较好,近海工程较少,人类活动影响小,海底地形平坦,无地质灾害问题。

2）良好区（Ⅱ）

主要分布在研究区中部,从北向南延伸至岚山港东北部,区域范围大致在 10~20 m 等深线包含的区域,与海岸近于平行,该区面积 417.38 km²,占全区总面积的 24.63%。该区北部海底沉积物重金属 Cr 超过一类标准,南部 Cr 和 As 超过一类标准,其他区域沉积物质量均为一类,但是分布有叉状的埋藏下切谷,基底不稳定,一定程度上影响了工程活动。

3）中等区（Ⅲ）

主要分布研究区东部和东南部,该区面积 365.97 km²,占全区总面积的 21.60%。该区北部灾害地质类型主要是埋藏下切谷,南部主要是海底侵蚀,另外在日照港东南部 15 m 等深线处存在抛泥区,整个区域容易造成海底环境不稳定性,产生工程地质灾害。同时,该区域重金属 As 元素超标,底质环境较差。

4）较差区（Ⅳ）

主要分布在研究区东南部,该区面积 156.80 km²,占全区总面积的 9.25%。该区普遍存在海底侵蚀,部分区域出现冲蚀沟槽,工程地质条件较差,区域稳定性较差,容易产生地质灾害。同时,该区 As 超标,底质环境较差。

13　海岸带地质环境保护

13.1　陆域地质环境保护分区

根据日照市海岸带地质地貌、地质环境条件、地质灾害及环境地质问题、土壤及海底表层沉积物环境质量、海岸线侵蚀、变迁等综合因素（杨君风等，2011；王岳林等，2009），将日照市海岸带划分为生态及自然环境保护区（Ⅰ）、地下水、地表水环境污染防治区（Ⅱ）、地质灾害防治区（Ⅲ）、海水入侵防治区（Ⅳ）、海岸侵蚀防治区（Ⅴ）等（图13－1）。

13.1.1　生态及自然环境保护区（Ⅰ）

该区主要分布在日照城区、山海天旅游度假区、涛雒—高兴镇、岚山头等，地貌类型为丘陵、滨海平原，自然生态环境较好，地下水、地表水污染较少，没有地质灾害隐患，主要的环境地质问题为局部地区人为因素造成的土壤重金属元素污染。因此该区在开发利用时，应注意生态及自然环境的保护，防止造成环境的破坏。

13.1.2　地下水、地表水环境污染防治区（Ⅱ）

该区主要分布在两城河、傅疃河、巨峰河、龙王河、绣针河中下游及海岸，含水层为冲积—冲洪积中粗粒砂层，各河流自成体系。因此该区又分为绣针河、龙王河流域水环境污染防治区（Ⅱ$_1$）、巨峰河流域水环境污染防治区（Ⅱ$_2$）、傅疃河流域水环境污染防治区（Ⅱ$_3$）、两城河流域水环境污染防治区（Ⅱ$_4$）4个子区。

绣针河、龙王河流域水环境污染防治区（Ⅱ$_1$）：位于日照海岸带的最南端，是岚山城区生活及工业用水水源地。该区的主要污染来自岚山城区、安东卫镇、虎山镇的生活及工业废水，有南北两条渠道排泄。北线汇入甜水河下游直接入海，南线则在获水东部汇入绣针河入海。

巨峰河流域水环境污染防治区（Ⅱ$_2$）：分布在涛雒镇南部，流经途径较短，流域面积较小，研究区内长度约8～12 km，地形低洼，含水层厚度较小，地下水主要接受大气降水补给，海相沉积物较多，水质差，不具供水水源的条件，两岸主要为少量农业开采。该区的主要污染来自涛雒镇生活废水、两岸农田施用的大量化肥、农药。

傅疃河流域水环境污染防治区（Ⅱ$_3$）：是日照市海岸带内最大的河流，位于城区南部，流域面积1 060.14 km^2，中下游为市区主要供水水源地，研究区内长度约12 km。该区主要污染来自日照城区、奎山镇的工业、生活废水，以及部分农田使用的化肥、农药等。

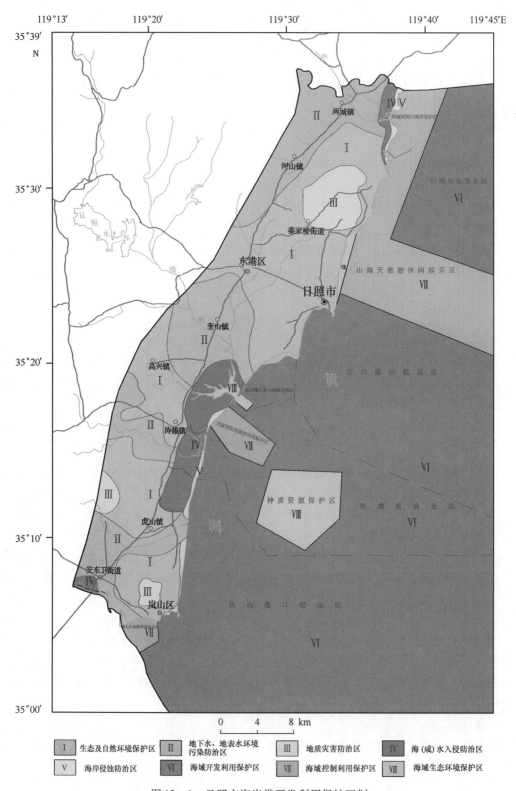

图 13-1　日照市海岸带开发利用保护区划

两城河流域水环境污染防治区(II₄):位于海岸带北端,是两城镇的主要供水水源地。该区主要污染来自两城镇的生活及工业废水,污染大户为淀粉加工、蔬菜加工、冷藏厂等,使东屯小河及两城河下游附近 3 km 的河水及两岸地下水受污染。

地表水和地下水是海岸带城市供水的两大水源。近几年随着日照市污水处理厂的不断增加,地下水和地表水质量逐年提高。但通过调查,部分地区仍存在排放污水的问题。

因此,应加强对海岸带水资源的监管力度,节约用水,三废达标排放,循环利用,提高水的利用率,保护生态环境。海岸带污水水量大且比较集中,海岸带污水处理回收利用减少了污水排放量,开辟了新水源。

13.1.3　地质灾害防治区(III)

该区主要分布在丝山、阿掖山、虎山等采石场附近,地貌类型主要为低山丘陵。由于采石场的不断开采,存在崩塌、滑坡、泥石流隐患(辛建伦等,2005)。

因此,该区在海岸带建设过程中应认真按照"地质灾害防治规划"的要求做好地质灾害的防治工作,坚持以人为本、预防为主、防治结合的原则,在进行海岸带工程建设、海岸带总体规划、村庄和集镇规划时应当进行地质灾害危险性评估,查明拟建项目区的地质灾害的发育程度,并提出相应措施,防止拟建工程遭受和引发地质灾害及环境地质问题,避免或减轻地质灾害造成的生命和财产的损失。

13.1.4　海水入侵防治区(IV)

该区主要分布在两城河、傅瞳河、巨峰河、绣针河入海口附近,由于水产养殖大量开采地下水,已引起海水入侵。近几年来,日照市海水入侵的规模不断扩大,而且有进一步扩大之势。这必须引起有关方面的重视,必须采取切实可行的措施,管好用好有限的地下水资源,实现社会效益、经济效益、资源效益与环境效益的统一。

13.1.5　海岸侵蚀防治区(V)

该区主要分布在泥沙质海岸线附近,近年来,海岸平面形态由平直逐渐向弧形转变,海滩有侵蚀的发生。具体表现为海滩上部侵蚀而下部淤积,但是侵蚀陡坎近年来没有明显后退。主要影响因素包括水库的修建、前滨大量采砂、人工构筑栏对泥沙的拦截等。

针对日照砂质海岸侵蚀,应致力于改造海岸带环境,兼以少数工程防护。

13.2　近海地质环境保护分区

参照《山东省海岸带规划》(2007)以及最新的《山东省海洋功能区划分(2011—2020年)》,遵循陆海统筹、科学规划、生态优先、合理开发、综合管理、协调发展的原则,立足日照近岸海域自然资源优势、开发利用现状和产业经济发展的用海需求,将日照近岸海域划分为:开发利用保护区(VI)、控制利用保护区(VII)和生态环境保护区(VIII)。

13.2.1　开发利用保护区(Ⅵ)

该区主要包括主要是日照港和岚山港及附近海域。基本功能为港口航运,兼容工业与城镇用海,在基本功能未利用时允许兼容农渔业养殖。重点保障港口航运用海,航道及两侧缓冲区内禁止养殖。

13.2.2　控制利用保护区(Ⅶ)

该区主要包括山海天旅游度假区、万平口风景区、刘家湾赶海园、安东卫赶海园。本区基本功能是旅游、休闲、娱乐功能,兼容农渔业等功能。允许建设旅游基础设施,严格控制岸线附近的景区建设工程,不得破坏自然景观,严格控制占用岸线。保持岸线形态、长度和邻近海域底质类型的稳定,合理控制旅游开发强度,严格控制陆源污染。

13.2.3　生态环境保护区(Ⅷ)

该区主要包括傅疃河河口湿地保护区、万平口潟湖湿地保护区和种质资源保护区。

傅疃河河口和万平口潟湖为重点湿地保护区,兼容旅游休闲娱乐和农渔业功能,保障傅疃河河口和万平口潟湖湿地保护区用海。种质资源保护区重点保障大竹蛏、文昌鱼和金乌贼种质资源保护区用海。严格限制改变海域自然属性;保持海域底质类型的稳定。

总之,要重点满足临港产业聚集区用海需求,加强对港口区、旅游区、渔业水域、海岛及周围海域的统筹管理,保证港口、旅游、渔业用海,保护海洋环境和鸟类、重要生物资源。加强对日照万平口至两城等优质沙滩资源的保护,发展运动休闲等特色旅游。开发保护日照近岸岛群,重点发展增养殖业和旅游业,建立近岸海域岛群自然保护区。严禁采砂等破坏地质地貌的活动,增殖和恢复渔业资源。

13.3　加强海岸带地质环境保护的建议

近100年来伴随着工业化的进程,全球范围内大批土地和自然资源遭受掠夺式的开发。自然环境质量开始退化,并面临着前所未有的威胁。在协调经济发展与生态环境平衡的基础上实现经济的可持续发展,已经成为人类社会保持健康发展的关键。包括中国在内的许多国家的沿海滩涂湿地、红树林和珊瑚礁遭受严重破坏。海岸带生态环境质量的退化,已经成为海岸带经济进一步发展的瓶颈。因此,亟须加强海岸带地质环境保护,加强海岸带生态规划建设。

13.3.1　加强海岸带城市应急水源地建设

最近两年接连发生松花江污染事件、我国西南地区大旱、2011年山东省旱灾,海岸带城市应急供水已成为海岸带城市应急系统建设的一个重要方面。目前,北京、郑州、海南等省市都已先后开展了应急水源地勘察,建立了应急供水系统和应急供水方案。因此,应尽快建立日照市海岸带的城市应急供水系统,制定海岸带的城市应急供水方案。

13.3.2 加强海岸带边缘区生态规划建设

海岸带边缘区是指包围海岸带而又毗邻海岸带的环状地带,也就是海岸带行政界线以内、城区用地周围的田园景观地带以及为城区服务的农副业经济区,是海岸带的重要组成部分。

海岸带边缘区是海岸带发展最有力的资源补给区,同时还是海岸带建设用建筑材料开发用地的最佳选址区域,也是海岸带的远景建设区,所以加强海岸带边缘区生态规划非常重要。针对日照市海岸带边缘区生态规划建设提出以下建议。

(1)加强海岸带边缘区的绿化。海岸带边缘区的绿化要好于海岸带内部的绿化情况,而且成片建设的可能性更大。在海岸带绿化过程中,应将海岸带边缘区的绿化和海岸带整体绿化相结合,点面线结合,营造整体绿化网络。

(2)加强海岸带边缘区水资源的利用和保护。海岸带边缘区通常是海岸带主要供水水源地所在,应结合海岸带用水,有计划地多修建蓄水工程和引水工程,保护供水水源,严防水源污染,在水源周围建立卫生防护地带。

(3)在海岸带边缘区进行地质地貌景观和自然生态景观建设,大力发展旅游事业。边缘区的建设不能以牺牲边缘区的生态环境质量为代价,主城区与边缘区的可持续发展应当是同步和互不排斥的。边缘区要依托自己的地质资源距离海岸带较近的条件,发展旅游业。

(4)坚持海岸带边缘区生态规划应与海岸带总体建设相协调,达到两者的完美结合。边缘区是一个动态发展的地域,它的发展往往受海岸带发展的控制,边缘区规划应服从于市域城镇体系规划和海岸带总体规划的指导,并与市中心区的疏散、土地置换做好配合工作。

13.3.3 加强湿地资源保护

海岸带地区蕴含着丰富的湿地资源,如傅疃河湿地。湿地是宝贵的土地资源、生物资源和水资源,既有矿产资源,又有牧场和旅游资源,具有巨大的经济价值。但是湿地又具有脆弱性,如不合理利用湿地资源,会致使部分湿地生物多样性丧失和环境恶化。合理开发利用和保护海岸带湿地资源具有十分重要的意义。

(1)做好湿地保护的长远规划。要立足于全局,因地制宜地制定利用规划;要从长远利益出发,避免以牺牲宝贵的资源和环境为代价换取短暂的经济效益;要合理利用,科学利用,既保持湿地生态平衡,促进良性循环,又使湿地资源永续利用;要使湿地开发多样性,避免采用单一的开发模式。

(2)应用3S等现代化技术手段,对湿地生态系统的地质环境、水文模式、污染状况、物种状况及群落动态等进行动态监测,对湿地资源以及各种生物资源进行动态管理。

(3)对有关湿地保护和恢复措施进行评价,及时发现存在的问题,以便作出科学决策,在发展经济的同时,尽力保护好湿地的资源、功能与环境。

参 考 文 献

曹红,高宗军,刁玉杰,等.2009.日照山海天地区湿地水土资源现状及评价[J].地质灾害与环境保护,20(3):68－71.

陈吉余,夏东兴,虞志英.2010.中国海岸侵蚀概要[M].北京:海洋出版社.

程继雄,程胜高,张炜.2008.地下水质量评价常用方法的对比分析[J].安全与环境工程,15(2):23－25.

崔承琦.1983.石臼湾及其附近海岸地貌特征[J].山东海洋学院学报,13(2):67－80.

崔娜娜,周申立,李传永.2006.关于湿地生态教育的探讨[J].中国地质教育,03:69－71.

丁喜桂,叶思源,高宗军,等.2005.近海沉积物重金属污染评价方法[J].海洋地质动态,21(8):31－36.

董延钰,金芳,黄俊华.2011.鄱阳湖沉积物粒度特征及其对形成演变过程的示踪意义[J].地质科技情报,30(2):57－62.

冯德益,楼世博,林命周.1983.模糊数学方法与应用[M].北京:地震出版社.

冯明石.2009.四川盆地中西部地区上三叠统须家河组沉积体系及层序地层研究[D].成都:成都理工大学.

高喜政,盛根来.2011.工程地质勘察工作中主要问题的分析与总结[J].山东国土资源,27(2):32－34.

顾晓鲁,钱鸿缙,刘慧珊,等.2003.地基与基础[M].北京:中国建筑工业出版社.

关于开展省级矿山环境保护与治理规划编制工作的通知[J].2005.国土资源通讯,14:13－17.

韩德亮.2001.莱州湾E孔中更新世末期以来的地球化学特征[J].海洋学报,02:79－85.

韩华玲.2011.埃及Faiyum盆地沉积物记录的晚全新世气候变化[D].上海:华东师范大学.

韩树宗,郑运霞,高志刚.2008.9711号台风对日照近海悬沙浓度影响的数值模拟[J].中国海洋大学学报:自然科学版,38(6):868－874.

何起祥,李绍全,刘健.2002.海洋碎屑沉积物的分类[J].海洋地质与第四纪地质,22(1):115－121.

黄广,陈沈良,胡静.2008.南汇东滩沉积物粒度特征及其与水动力的关系.海洋湖沼通报,1:32－38.

黄银洲.2009.鄂尔多斯高原近2000年沙漠化过程与成因研究[D].兰州:兰州大学.

蒋富清,周晓静,李安春,等.2008.δEu_N－$\Sigma REEs$图解定量区分长江和黄河沉积物[J].中国科学(D辑:地球科学),11:1460－1468.

金秉福,林振宏,季福武.2003.海洋沉积环境和物源的元素地球化学记录释读.海洋科学进展,21(1):99－106.

孔祥淮,刘健,李巍然,等.2006.山东半岛东北部海底表层沉积物粒度分布特征和沉积作用研究[J].海洋湖沼通报,3:37－47.

蓝先洪,张宪军,赵广涛,等.2009.南黄海NT1孔沉积物稀土元素组成与物源判别[J].地球化学,38(2):123－132.

李兵,庄振业,曹立华,等.山东省砂质海岸侵蚀与保护对策[J].海洋地质前沿,29(5):47－55.

李广雪,杨子庚,刘勇.2005.中国东部海域海底沉积环境成因研究[M].北京:科学出版社.

李培英,杜军,刘乐军,等.2007.中国海岸带灾害地质[M].北京:海洋出版社.

李双林,李绍全.2001.黄海YA01孔沉积物稀土元素组成与源区示踪[J].海洋地质与第四纪地质,21(3):51－56.

李顺,王红旗,陈家军.2002.环境影响二级模糊综合评价法的研究[J].水文地质工程地质,38(2):38－40.

李肖兰,吕华.2012.淮河流域山东段地下水质量评价[J].水利经济,30(1):36－39.

李亚松,张兆吉,费宇红.2011.地下水质量综合评价方法优选与分析:以滹沱河冲洪积扇为例[J].水文地质工程地质,38(1):6－10.

李振函,朱伟.2009.日照市海水入侵现状与治理方案[J].山东国土资源,25(6):22-25.

廖育民.2003.地质灾害预警与应急指挥及综合防治[M].哈尔滨:哈尔滨地图出版社.

刘凤枝.2001.农业环境监测手册[M].北京:中国标准出版社.

刘国煜,申红军,张允周.2010.2010年中国泥石流灾害发生状况及原因[J].山西建筑,36(36):76-77.

刘锡清.1996.中国边缘海的沉积物分区[J].海洋地质与第四纪地质,16(3):12-11.

刘志杰,殷汝广.2011.浅海沉积物分类方法研讨[J].海洋通报,30(2):194-199.

马凤山.1997.海水入侵机理及其防治措施[J].中国地质灾害与防治学报,8(4):16-22.

毛同夏,石宏仁,张丽君.1996.区域地质环境的定量评价和预测[J].地学前缘,3(1-2):144-146.

庞绪贵,王炳华,田乃风,等.2008.平阴县浅层地下水地球化学环境质量评价[J].山东国土资源,24(7-8):55-58.

齐红艳.2008.长江口及邻近海域表层沉积物pH、Eh分布及制约因素[J].沉积学报,V26(5):820-827.

齐红艳.2008.长江水下三角洲浅层沉积层序以及季节性沉积响应[D].青岛:中国海洋大学.

佘运勇,王剑,王艳华,等.2011.南黄海海洋表层沉积物中重金属的分布特征及潜在生态风险评价[J].海洋环境科学,30(5):631-635.

盛菊江.2008.中国两大典型河口及其邻近海域沉积物重金属分布特征和底质环境质量评价[D].上海:上海海洋大学.

宋明春,王沛成.2003.山东省区域地质[M].济南:山东地图出版社.

孙斌,杨德平,张增奇,等.2013.山东省矿产资源利用现状调查研究[J].山东国土资源,29(4):23-28.

田晖,陈宗镛.1998.中国沿岸近期多年月平均海面随机动态分析[J].海洋学报(中文版),20(4):9-16.

汪倩雯.2009.统筹城乡视角下的重庆农村金融生态环境建设[D].重庆:西南大学.

汪亚平.2000.胶州湾及邻近海区沉积动力学[D].青岛:中国科学院海洋研究所.

王春义,张尚武.1996.地下水人工回灌防治海(咸)水入侵研究.//赵德三.海水入侵灾害防治研究[M].济南:山东科学技术出版社.

王光栋,卢绪云.2007.日照市地质灾害形成因素初探[J].山东国土资源,23(6-7):41-42.

王光栋,孙霞,王忠民,等.2009.日照市区花岗岩残积土工程地质特征研究[J].山东国土资源,25(9):29-32,36.

王文海,吴桑云.1993.山东省海岸侵蚀灾害研究[J].自然灾害学报,2(4):61-66.

王勇,柏钰春,尹喜林,等.2004.三江平原生态地质环境分区研究[J].水文地质工程地质,6:11-18.

王岳林,韩树红,张作礼.2009.昌邑市生态地质环境保护对策[J].山东国土资源,25(9):37-39.

王振宇.1990.南黄海海州湾外侧钙质结核特征及其成因的研究[J].上海地质,02:9-19.

王中波,何起祥,杨守业,等.2008.谢帕德和福克碎屑沉积物分类方法在南黄海表层沉积物编图中的应用与比较[J].海洋地质与第四纪地质,28(1):1-8.

王中波,杨守业,张志珣.2007.两种碎屑沉积物分类方法的比较[J].海洋地质动态,23(3):36-40.

王中刚.1989.稀土元素地球化学.北京:科学出版社.

魏嘉,魏媛.2006.山东省地下水环境质量评价及污染防治对策[J].科技信息,10:202-204.

文启忠,余素华,孙福庆,等.1984.陕西洛川黄土剖面中的稀土元素[J].地球化学,2:126-133.

夏东兴,等.2009.海岸带地貌环境及其演化[M].北京:海洋出版社.

夏东兴,王文海,武桂秋,等.1993.中国海岸侵蚀述要[J].地理学报,48(5):468-476.

夏鹏,臧家业,王湘芹,等.2011.连云港近岸海域表层沉积物中重金属的地球化学特征及其源解析[J].海洋环境科学,30(4):520-524.

肖尚斌,李安春,蒋富清,等.2005.近21ka闽浙沿岸泥质沉积物物源分析.沉积学报,23(2):268-274.

辛建伦,张学亮.2005.保护生态 美化家园——日照市生态地质环境保护工作侧记[J].山东国土资源,21

(4):8-9.

徐刚.2010.南黄海西部陆架区底质沉积物沉积特征与物源分析[D].青岛:中国海洋大学.

徐建国,马震,卫政润,等.2005.山东环渤海地区地质环境质量评价方法探讨[J].山东国土资源,21(4):19-23.

徐军祥,康凤新.2001.山东省地下水资源可持续性开发利用研究[M].北京:海洋出版社.

徐军祥,赵书泉,康凤新,等.2010.山东省地质环境问题研究[M].北京:地质出版社.

徐启营,张文.2005.日照市矿业地质环境治理探析[J].矿产保护与利用,06:10-13.

薛允传,贾建军,高抒.2002.山东月湖的沉积物分布特征及搬运趋势[J].地理研究,21(6):707-714.

闫满存,李华梅,王光谦.2000.广东沿海陆地地质环境质量定量评价研究[J].工程地质学报,8(2):416-424.

杨君风,刘美玲.2011.招远市地质环境保护工作探讨[J].山东国土资源,27(5).

衣伟虹.2011.我国典型地区海岸侵蚀过程及控制因素研究[D].青岛:中国海洋大学.

印萍.1998.砂质海岸侵蚀机制和影响因素研究[D].青岛:青岛海洋大学.

张海燕.2007.齐家—古龙地区黑帝庙油层储层预测研究[D].大庆:大庆石油学院.

张姬.2009.基于GIS的高速公路沿线地质灾害危险性评价研究——以同三线山东段为例[D].青岛:青岛大学.

张磊,宋凤斌,王晓波.2004.中国城市土壤重金属污染研究现状及对策[J].生态环境,13(2):258-260.

张亮,曹丛华,任荣珠,等.2011.岚山港海洋临时倾倒区表层沉积物重金属污染、潜在生态风险评价及变化趋势分析[J].海洋通报,30(2):234-239.

张明学,胡玉双,苏海.2010.地震勘探[M].北京:石油工业出版社.

张向东.2008.建设汾河生态湿地的探索和实践[J].水利水电技术,39(9):16-18,21.

张鑫,周涛发,杨西飞,等.2005.河流沉积物重金属污染评价方法比较研究[J].合肥工业大学学报:自然科学版,28(11):1419-1423.

张永伟,刘怀念,刘元本,等.2008.专家聚类法在青岛市城市地质环境脆弱性评价中的应用[J].山东国土资源,24(10):21-24.

赵德三.1991.山东沿海地区海水入侵灾情、趋势及其对策//论沿海地区减灾与发展[M].北京:地震出版社.

赵东波.2009.常用沉积物粒度分类命名方法探讨[J].海洋地质动态,25(8):41-44,46.

赵庆英,王小波,陈荣华,等.2008.绣针河口附近岸线变迁特征[J].海洋学研究,26(2):41-46.

赵一阳,鄢明才.1994.中国浅海沉积物地球化学[M].北京:科学出版社.

赵忠泉.2010.碳酸盐岩礁滩储层地震相分析[D].成都:成都理工大学.

郑广琦.1991.山东省莱州湾弥河三角洲滨海盐渍土工程地质特征[J].山东地质,7(1):89-97.

郑广琦.1991.山东省莱州湾(弥)河三角洲滨海盐渍土工程地质特征[J].山东国土资源,2(1):89-97.

郑运霞.2008.浪流共同作用下的三维悬沙数值模拟[D].青岛:中国海洋大学.

朱而勤.1985.黄海和东海钙质结核的特征及成因[J].海洋学报:中文版,53:333-341.

庄振业,陈卫民,许卫东,等.1989.山东半岛若干平直砂岸近期强烈蚀退及其后果[J].青岛海洋大学学报,19(1):90-98.

庄振业,印萍,吴建政,等.2000.鲁南沙质海岸的侵蚀量及其影响因素[J].海洋地质与第四纪地质,20(3):15-21.

Folk R L, Andrew s P B, Lewis D W. 1970. Detrital sedimentary rock classification and nomenclature for use in New Zealand [J]. New Zealand Journal of Geology and Geophysics,13(4):937-968.

Hankason Lars. 1980. An ecological risk index for aquatic pollution control - A sedimentological approach[J]. Water Research,14(8):975 – 1001.

Gromet L P, Dymek R F, Haskin L A, et al. 1984. The North American Shale Composite: its compilation, major and trace element characteristics Geochimica Cosmochimica Acta, 48:2469 – 2482.

LEWIS K B. 1971. Slumping on a continental slope inclined at $1° – 4°$ [J]. Sedimentology,16,97 – 110.

Masuda A, Tanaka T, Nakamura N, et al. 1974. Possible REE anomalies of Apollo 17 REE patterns[J]. Proc. 5th Lunar Sci. Conf. 1247 – 1253.

Shepard F P. 1954. Nomenclature based on sand – silt – clay ratios[J]. Journal of Sedimentary Geology, 24(3): 151 – 158.

Taylor S R, McLennan S. 1985. The Continental Crust: Its Composition and Evolution[M]. Blackwell, Oxford.

Wang Songtao, Yin Ping, Wu Zhen. 2013. Distribution and Contamination Assessment of Heavy Metals in Surface Soil and offshore Sediments of Rizhao Coast, Shandong, The 18th Kerulien International Conference on Geology.

Yashitaka Minai, et al. 1992. Geochemistry of rare earth element and other trace element in sediments from sites 798 and 799, Japan Sea. Proceeding of the Ocean Drilling Program,Scientific Results,127 – 128.